高等院校生物类专业系列教材

U0692519

# 生态学

## EXPERIMENTS IN ECOLOGY

# 实 验

主　编　李铭红

副主编　吕耀平　颉志刚　陈　波

ZHEJIANG UNIVERSITY PRESS
浙江大学出版社

## 内容简介

本教材体现生态学教学的基本理念,并遵循实验教学大纲的设计思想,将内容分为生态学实验基础、基础性实验、综合性实验三大模块。其中生态学实验基础主要介绍生态学实验开展的基础知识、常用的实验技术和方法;基础性实验主要是针对理论课涉及的生态学原理进行的验证性和设计性实验,并作部分拓展;综合性实验是让学生在具备一定的实验设计能力和科研能力的基础上,整合一至多个生态学原理所开展的应用性较强的实验。

本教材的特色是,在每个实验之后安排了根据相关生态学原理进行的实验拓展,提供若干个相关实验设想,各高校可根据实际条件,自行选择操作性强的实验进行教授,还可以进行更深层次的探究和挖掘,也可以使之成为学生的开放性实验课题,为培养学生的科研能力和创新能力搭建一个基础平台。每个实验编写时尽可能简洁、明了,以方便师生们使用。

本教材可供本科院校生物科学、环境科学、科学教育专业的师生使用。

**图书在版编目(CIP)数据**

生态学实验 / 李铭红主编. —杭州:浙江大学出版社,2010.10(2024.7 重印)
ISBN 978-7-308-08033-0

Ⅰ.①生… Ⅱ.①李… Ⅲ.①生态学－实验－高等学校－教材 Ⅳ.①Q14－33

中国版本图书馆 CIP 数据核字(2010)第 199513 号

**生态学实验**

李铭红 主编

| | |
|---|---|
| 丛书策划 | 樊晓燕 季 峥 |
| 责任编辑 | 季 峥(really@zju.edu.cn) |
| 封面设计 | 林智广告 |
| 出版发行 | 浙江大学出版社 |
| | (杭州市天目山路 148 号 邮政编码 310007) |
| | (网址:http://www.zjupress.com) |
| 排 版 | 杭州求是图文制作有限公司 |
| 印 刷 | 广东虎彩云印刷有限公司绍兴分公司 |
| 开 本 | 787mm×1092mm 1/16 |
| 印 张 | 7 |
| 字 数 | 180 千字 |
| 版 印 次 | 2010 年 11 月第 1 版 2024 年 7 月第 4 次印刷 |
| 书 号 | ISBN 978-7-308-08033-0 |
| 定 价 | 22.00 元 |

# 前　言

　　随着生产力的不断发展和人口的大量增加,人类对自然资源的需求也不断增加,在很大程度上会造成对资源的过度开发和利用,由此造成的结果是人类生存环境的恶化。例如,资源枯竭、森林破坏、酸雨、水体污染、生物多样性下降、水土流失、土地沙漠化、外来物种入侵等现实问题日益显现,这将严重威胁人类的生存安全和社会的可持续发展。要解决和改善人类面临的困境,生态学的理论和方法将发挥很大的作用。生态学是研究生命系统与环境系统之间相互作用的规律与机制的科学,它将义无反顾地承担起解决人类面临的生存环境问题的重任。

　　"生态学"学科自 1866 年建立以来,已经历了近一个半世纪的发展历程。生态学的研究得到了迅速发展,生态学的理论得到了极大的丰富,生态学的理念日益深入人心,生态学涉及的领域也越来越广泛,与自然、经济、社会、文化领域等紧密结合,从微观、中观、宏观等多尺度探讨生物及人类社会发展过程中所带来的相关问题。

　　目前,国内出版的生态学实验指导用书已有不少,这些指导用书基本上根据生态学课程的理论体系来编写,显得较为规范、全面。但是,我国不同区域的高校在生态学实验教学的发展程度上有较大差异,各高校的实验条件、教学对象各不相同,其教学方法、手段和内容也应各有特色。此外,目前高等教育的改革对生态学的实验教学提出更高的要求,不仅要让学生在实验过程中获取知识,发展技能,培养能力,更应该促进学生自主创新能力的培养,以倡导启发式教学和研究性学习为核心,探索新的教学理念、培养模式和管理机制。鉴于此,编写一本适合地方高校生态学实验教学现状,并与当地的动植物资源、环境特点有机结合的生态学实验指导用书显得非常迫切。

　　本教材的编写理念是,让学生在掌握生态学重要原理和方法的基础上,对理解生物与环境的辩证关系有启发意义,选编的实验内容所使用的器材比较简单、操作过程不太复杂,对于学生开展设计性实验有较大的促进作用,并且能够在生产实践中应用。

　　本教材编写的基本框架是,体现生态学教学的基本理念,并贯彻实验教学大纲的设计思想,将内容分为生态学实验基础、基础性实验、综合性实验三大模块。其中,生态学实验基础主要介绍生态学实验开展的基础知识、常用的实验技术和方法,特别是与后述实验(基础性实验、综合性实验)密切相关的技术和方法;基础性实验主要是针对理论课涉及的生态学原理进行的验证性和设计性实验,并做部分拓展;综合性实验是让学生在具备一定的实验设计能力和科研能力的基础上,整合一至多个生态学原理所开展的应用性较强的实验。

　　本教材的特色有:第一,为了培养学生的创新精神,将"实验步骤"改为以"操作建议"的形式呈现,主要目的是给参与实验的师生一定的启发,并对实验过程的设计留有余地。第二,在每个实验的最后,安排了根据相关生态学原理进行的实验拓展,主要是提供若干个相关实验设想,各高校可根据实际条件,自行选择操作性强的实验进行教授,还可以进行更深层次的探究和挖掘,也可以使之成为学生的开放性实验课题,为培养学生的科研能力和创新能力搭建一个基础平台。第三,紧密结合地方高校的教学实际和环境资源特点,设计的实验内容比较实用,多数学校均可开设。第四,鉴于目前各高校"生态学实验"教学的计划课时比较紧凑,在本教材阐述的内容尽可能简洁、明了,以方便师生们使用。

本教材可供本科院校生物科学、环境科学、科学教育等专业的师生使用。本教材是同行老师集体智慧的结晶,浙江师范大学的李铭红、颉志刚、王艳妮、程宏毅、杨冬梅、洪华嫦老师,杭州师范大学的陈波老师,温州大学的胡仁勇老师,中国计量学院的徐爱春老师和丽水学院的吕耀平老师共同参与编写并为此倾注了大量的心血,在编写过程中参考了国内外相关专家编写的同类教材和许多文献,由李铭红老师统稿,并由浙江大学出版社支持出版,在此深表谢意!

由于编写时间仓促,编者水平有限,本书难免存在许多问题和不足,衷心希望同行专家和师生们提出宝贵意见,以便我们不断完善与提高。

编　者

2010 年 8 月

# 目　　录

## 第一部分　生态学实验基础

1.1　生态学实验常用的方法与技术 ……………………………………………… (1)

　　1.1.1　生态学实验研究的基本特点 …………………………………………… (1)

　　1.1.2　生态学实验设计的基本流程 …………………………………………… (2)

　　1.1.3　生态因子的测定方法 …………………………………………………… (2)

　　1.1.4　植物生态学实验研究方法与技术 ……………………………………… (5)

　　1.1.5　动物生态学实验研究方法与技术 …………………………………… (10)

　　1.1.6　生态系统能量流动与物质循环的研究方法与技术 ………………… (16)

　　1.1.7　生态环境监测方法与技术 …………………………………………… (17)

1.2　数据处理及实验结果分析 ………………………………………………… (28)

　　1.2.1　生态学实验数据处理的统计学基础 ………………………………… (28)

　　1.2.2　生态学数据处理相关软件的介绍与使用 …………………………… (37)

1.3　实验报告及研究论文的撰写 ……………………………………………… (40)

　　1.3.1　实验报告及研究论文的意义 ………………………………………… (40)

　　1.3.2　实验报告及研究论文的特点 ………………………………………… (40)

　　1.3.3　实验报告及研究论文撰写的步骤 …………………………………… (41)

　　1.3.4　实验报告及研究论文的内容 ………………………………………… (42)

## 第二部分　基础性实验

实验2.1　盐分胁迫对植物生长发育的影响 ………………………………… (47)

实验2.2　植物生长发育有效积温的测定 …………………………………… (51)

实验2.3　鱼类对温度、盐度、pH值耐受性的观测 ………………………… (54)

实验2.4　校园栽培植物的传粉学观察 ……………………………………… (57)

实验2.5　种群密度的调查与估算 …………………………………………… (59)

实验2.6　动物种群在有限环境中logistic方程的拟合 …………………… (61)

实验2.7　植物的种内、种间竞争 …………………………………………… (64)

实验2.8　土栖生物多样性调查 ……………………………………………… (66)

实验2.9　校园内植物群落物种多样性调查 ………………………………… (69)

实验2.10　水体生态系统初级生产量的测定 ……………………………… (75)

## 第三部分　综合性实验

实验 3.1　入侵植物对本土植物的影响　………………………………………………（78）

实验 3.2　光周期对植物花期的调控作用　……………………………………………（83）

实验 3.3　不同生态系统中土壤有机质含量的测定　…………………………………（85）

实验 3.4　重金属污染对植物叶绿素含量的影响　……………………………………（89）

实验 3.5　水生植物对水体污染的净化作用　…………………………………………（92）

**附录 1　主要土壤动物类群门、纲检索表**　………………………………………（95）

**附录 2　主要土壤动物类群概述及常见类群分目检索**　…………………………（97）

**参考文献**………………………………………………………………………………（105）

# 第一部分

# 生态学实验基础

生态学的研究对象是生物与环境之间的相互关系。该学科主要围绕生物与环境之间的物质循环、能量流动和信息传递展开,需要通过野外实地观察与室内实验来解析各种生态过程和内在的变化规律。因此,它属于实验科学。

生态学实验有以下特点:①生态现象的变化与时空密切相关,因此,生态学实验必然涉及环境条件中时空的变化。②生态学的综合性和系统性决定了生态学实验的多元化特点以及与其他学科的渗透性。③生态变化的不同尺度决定了生态学实验方法的巨大差异。

随着科学技术和研究手段的快速发展,现代生态学的研究领域日益拓展,在生态学研究中已广泛使用多种现代技术,如用同位素示踪法测定物质循环与能量流动;使用多种电子设备测定植物的光合作用、呼吸作用、水分蒸腾、叶面积、生物量等;用3S技术对环境要素进行定位、动态观察等。这使得生态学从传统的定性研究日益向定量化和精确化研究方向发展,也使生态学的实验研究属性得到不断加强。

## 1.1 生态学实验常用的方法与技术

### 1.1.1 生态学实验研究的基本特点

1. 综合性与层次性

任何一个生态学现象和生态学过程是多种生物要素和环境要素共同作用的结果。例如,一个种群个体数量的增长与其生存空间内的食物条件密切相关,同时,也与生存空间内的气候因素、地理因素及与其他物种相互作用(如竞争、捕食、共生、寄生等)的强度有关。这就决定了生态学实验的综合性、整体性、层次性。

根据实验的目的、对象和考察的因素多寡,生态学实验可分为单因素实验、多因素实验和综合性实验。

1)单因素实验

整个实验过程只考虑单个因子的变化,并将其他条件严格控制为一致。这是一种最为简单的实验方式。

2）多因素实验

实验方案中包括两个及以上的考察因素，各个因素之间可有不同的水平组合，从中筛选出最佳处理组合。这样的处理方式的效果比单因素实验要好。

3）综合性实验

综合性实验中多个因素的各水平不构成平衡的处理组合，而是将若干个因素的某些水平结合在一起形成少数几个处理组合，主要目的在于探讨一系列供试因素对某些处理组合的综合作用。这类实验一般是在对起主导作用的因素及其相互关系比较明确情况下开展的。

2. 时空变异性

生态学实验涉及生物要素和环境要素，其中的生物要素通常存在个体的差异性和遗传变异性，且在生物不同的生活史阶段均有变化；同一种生物乃至不同的个体生活在不同环境下，会表现出不同的适应特征（或对策）。这就是时空变化导致的生物适应特征上的差异。

## 1.1.2　生态学实验设计的基本流程

1. 提出要解决的科学问题（提出假说）

实验者可根据自己的认识（通过观察、研究或资料查阅而得到），提出想要解决的科学问题（假设）。能提出一个适宜的科学问题，是开展生态学实验非常关键的一步，有了要解决的问题，根据所学的知识和实验技能，设计科学合理的实验方法就有了目标和方向。

2. 根据假说设计适合的实验方案和技术路线

根据假说内容安排相斥性实验或进行抽样调查，科学地采集实验数据。

3. 对根据实验或调查得到的数据进行统计、整理

对所得数据进行分析，肯定或否定或修改假说，形成结论，或开始新一轮的实验以验证修改完善后的假说，如此循环直至得出可靠的结论。

## 1.1.3　生态因子的测定方法

1. 温度因子的测定

1）空气温度的测定

通常使用普通温度计（图1.1）、最高温度计（图1.2）、最低温度计（图1.3）测定某实验条件下局部区域内温度的变化状况、最高温度和最低温度。

2）水温的测定

水温对水体的理化性质有直接影响，并且也与生物的生长发育关系密切（尤其是水生生物）。水温的测定也可使用普通温度计、最高温度计、最低温度计。在测定过程中应注意温度计的量程与实验条件下温度变化范围之间的匹配。

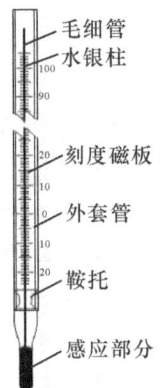

毛细管
水银柱

刻度磁板

外套管

鞍托

感应部分

图 1.1　普通温度计

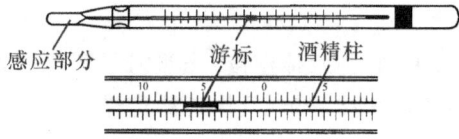

图 1.2　最高温度计

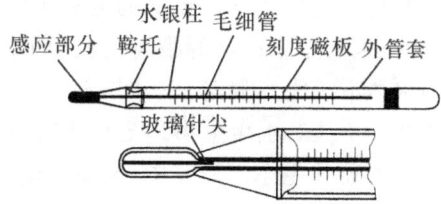

图 1.3　最低温度计

3）土壤温度的测定

土壤温度指的是生物与土壤接触面的温度。根据不同的实验要求，在土壤暴露面比较大的情况下，可使用普通温度计、最高温度计、最低温度计来测定暴露面的温度。但是，对于暴露面较小的土壤剖面，通常使用直角温度计（图 1.4）来测定暴露面的温度。直角温度计的使用方法见图 1.5。在使用该种温度计时应注意：温度计插入土壤的深度只要淹没温度敏感孔即可；直角温度计刚插入土壤时，温度计金属尖端表面与土壤发生摩擦而导致温度升高，所以温度计插入土壤后应待 1～2min 再读取温度。

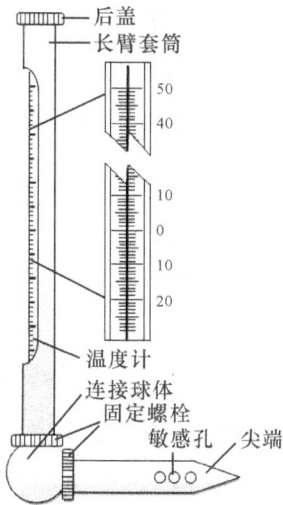

图 1.4　直角温度计

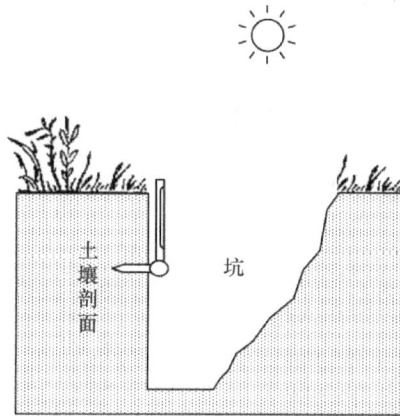

图 1.5　直角温度计使用示意图

2. 水分因子的测定

1）水体中光照强度的测定

水体中的光照强度可用水下分光光度计测定。将水下分光光度计安装在有水深标记的拉绳上，根据拉绳上不同水深深度分别测定其光照强度。

2）水体透明度的测定

水体的透明度常用塞氏盘（图 1.6）来测定。将塞氏盘垂直放入水中，直到最后不能看清塞氏盘上的颜色分区为止，读出水面至塞氏盘的距离读数，即为该水

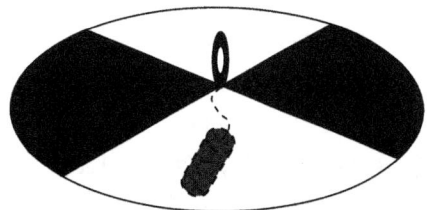

图 1.6　塞氏盘

体的透明度。也可用塞氏盘来测定水体深度：只要将塞氏盘下沉至水底，拉直塞氏盘上的刻度尺，读出水面至塞氏盘的距离读数即可。

3）水体 pH 值的测定

水体 pH 值对水生生物乃至水环境的影响非常大，它与水体温度、光照因子等有密切的关系。在实验或生态学研究中，现在常用便携式 pH 计直接测定（具体的测定操作方法请参考便携式 pH 计说明书）。

4）水体电导率的测定

电导率表示水体电流传导能力，它与水中各种离子的性质、浓度、水体温度等因素有直接关系，在某种程度上可以作为水中各种离子总浓度的依据。水体电导率常用电导率仪来测，测定方法如下：①配制 $0.0100\text{mol} \cdot \text{L}^{-1}$ 的 KCl 标准溶液，该标准溶液在 $25℃$ 下的电导率为 $141.3\text{mS/m}$。②用标准 KCl 溶液冲洗电导池几次，并用标准 KCl 溶液注满电导池，在 $25℃$ 恒温水浴 15min，测得该溶液电阻 $R_0$（该操作应重复几次，直至电阻稳定在误差 2％范围内），求得电导池常数 $Q=141.3R_0$。③用要测定的水样冲洗电导池几次，按②的操作方法测得水样的电阻 $R_x$，得到水样的电导率 $K=Q/R_x$。

3. 光照强度的测定

光照强度常使用照度计来测定（具体的操作方法请参考其使用说明书）。应该注意的是，测定时应将光强传感器直接接触被测光（不应被遮蔽），并与光源方向成 $90°$，待显示器读数稳定后即可读数。

4. 土壤因子的测定

1）土壤剖面的挖掘

根据实验样地土壤的地形、地貌特点，找到合适的挖掘地点（一般要求土层深度大于 1m，土层相对较为疏松，能够形成大于 $1\text{m}^2$ 的作业面），可使用铁锹垂直向下挖掘形成一个土壤剖面（图 1.7）。如果要测定土壤剖面垂直面上的温度变化规律，当土壤剖面挖至相应的土壤深度时应立刻测定其温度；否则，其剖面暴露在大气中时间过长，土壤温度会发生变化。土壤剖面一般可分为 A、B、C、R 层。A 层为腐殖质层，该层土壤富含腐殖质，土层颜色偏深黑色或灰黑色，其中土栖生物最为丰富，它也是大多数农作物、草本植物根系生长

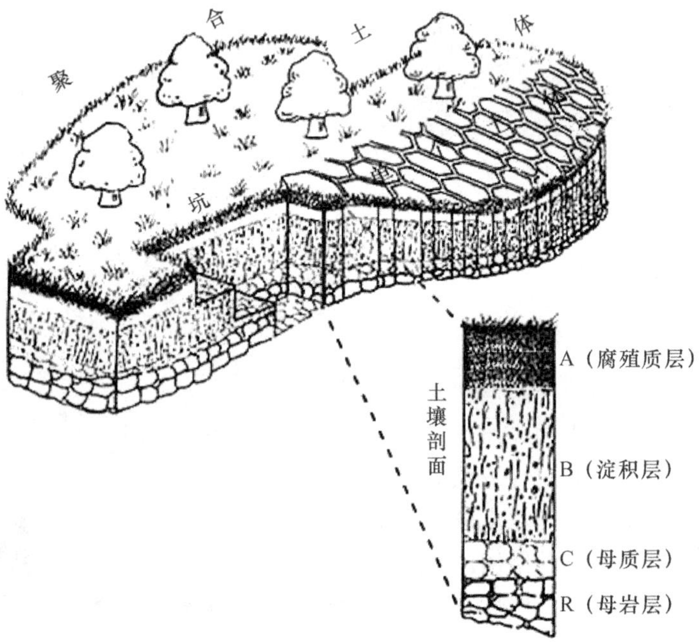

图 1.7　土壤剖面示意图

的主要区域;B层为淀积层,其中有少量腐殖质从A层淋溶下来,土层颜色接近下面的母岩层(R层),是某些深根系农作物、灌木、小乔木根系生长的主要区域;C层为母质层,土层颜色与下面的母岩层(R层)完全相同,只不过其土壤颗粒远比R层小且疏松,是多数乔木根系生长的主要区域;R层为母岩层,是刚风化的岩石层,少数高大乔木的根系可以生长在该层。

2)土壤温度的测定

具体请参考上述"温度因子的测定"的内容。

3)土壤水分的测定

土壤水分常采用烘干法或土壤水分测定仪进行测定。采用烘干法时,先称量土样的湿重,然后将取得的土壤样品置于100℃左右的烘箱中烘至恒重,蒸发损失的水分重量即为含水量。用土壤水分测定仪进行测定的操作方法请参考其仪器使用说明书。

4)土壤pH值的测定

现常用pH计来测定土壤pH值。一般称取5g土壤样品,加水50mL,即可直接用pH计测定pH值。应多次重复测量,直至所测值的误差小于0.02。每次测完后均应用蒸馏水冲洗pH计电极,并用滤纸将水吸干。

## 1.1.4　植物生态学实验研究方法与技术

### 1. 植物种群的调查方法

植物种群是指在某一特定时间内占据某一特定空间的同种植物的集合体。植物种群虽然是由同一物种的许多个体集合而成的,但并非是一个物种所有个体的简单组合,它是物种群体的有机组合。植物种群的调查内容通常包括种群的密度、种群的空间分布格局、种群的年龄结构、种群的增长动态以及种群间的相互作用等。

在不可能对整个种群进行调查研究的情况下,常采用"样方法"对种群的基本状况进行研究。所谓"样方法"就是抽样调查的方法,即对有代表性的种群生长地段进行抽样调查。

1)样方的选择

(1)确定代表性的地段

选择的基本原则为均匀性、代表性、特征性。所谓均匀性是指所选择的调查地段,植物种群的密度比较均匀。代表性是指所调查的植物应该在该生长地有代表意义,或是优势种群,或是具有特殊代表意义的物种。特征性是指所调查的植物物种能反映该生长地其他物种的基本特征。

(2)确定样方的大小

样方大小应以该植物的生长密度和高大程度为依据。一般情况下,苔藓、地衣或藻类群落设置为$0.01\sim0.25m^2$;草本植物设置为$1m^2$;灌木或高度不超过3m左右的植物设置为$10\sim20m^2$;森林乔木设置为$100m^2$。

(3)确定样方形状

由于边缘效应的影响,理论上来讲,圆形的误差最小,尤其是调查草本植物或农作物时比较适用。为了样方设置的方便,实际操作时常用方形。但应尽量少用长方形。

(4)确定样方数量

理论上来讲,样方数量越多越好。但从人力成本考虑,样方数量往往有限。在具体研究时,每调查 1 个样方,就计算植物个体的密度,直至最后调查 5 个样方内植物个体数的变化幅度小于所有样方平均密度的 5% 即可。

2)植物种群密度的调查

在做好上述准备工作的基础上,可以着手进行植物密度的调查。统计每个样方内该植物的个体数,取其平均数。

3)植物种群的空间分布格局

经上述调查得到每个样方内该植物的个体数分别为 $x_i$,求其平均值 $\bar{x}$(共 $n$ 个样方),然后计算方差 $s^2 = \sum (x_i - \bar{x})^2 / (n-1)$。种群的空间分布格局有三种典型的类型:若 $s^2 = 0$,则表明该植物种群是均匀分布;若 $s^2 = \bar{x}$,则表明该植物种群是随机分布;若 $s^2 > \bar{x}$,则表明该植物种群是集群分布。

4)种群的年龄结构

种群的年龄结构是指种群内不同年龄的个体的分布或组配情况。它可以反映种群的动态及发展趋势,并在一定程度上反映种群和环境之间的相互关系,以及它们在群落中的作用和地位。植物种群的年龄结构分析,首先是根据取样数据把同一种群分为不同的龄级,再将不同龄级内的个体数与种群总个体数目相比而构成龄级比率(age ratio),进而按龄级比率构成年龄金字塔。根据年龄金字塔结构,可以判别某一种群是增长种群,或稳定种群,或衰退种群。木本植物种群的龄级划分,在森林群落中通常是以树木的立木级来表示的。Ⅰ级,高度在 33cm 以下者;Ⅱ级,高度在 33cm 以上、胸径不足 2.5cm 者;Ⅲ级,胸径在 2.5～7.5cm 者;Ⅳ级,胸径在 7.5～22.5cm 者;Ⅴ级,胸径在 22.5cm 以上者。

## 2. 植物群落的调查方法

植物群落是指在一定时间、一定地段或生境中各种植物种群所构成的集合。植物的群落结构是指群落的所有种类及其个体在空间中的配置状态。它包括群落的外貌、群落的生活型、群落的空间格局(群落的垂直结构、水平结构、群落交错区等)及时间格局等内容。

群落的外貌(physiognomy)是指生物群落的外部形态或表相,为群落中生物与生物之间、生物与环境之间相互作用的综合反映。陆地生物群落的外貌主要取决于植被的特征;水生生物群落的外貌主要取决于水的深度和水流特征。陆地生物群落的外貌是由组成群落的植物种类、生活型、群落结构等所决定的。

植物的生活型(life form)有多种不同的定义和分类方法。丹麦植物学家 Raunkiaer 按休眠芽和复苏芽所处的位置高低和保护方式将高等植物划分为 5 种生活型:高位芽植物(phanerophytes)、地上芽植物(chamaephytes)、地面芽植物(hemicryptophytes)、隐芽植物(cryptophytes)、一年生植物(therophytes)。

群落的垂直结构主要指群落的分层现象。陆地群落的分层与光的利用有关。森林群落从上到下依次可划分为乔木层、灌木层、草本层和地被层等层次。植物的幼苗、附生和寄生植物则根据其实际逗留的冠层划入其依附的冠层中。水热条件越优越,群落的垂直结构越复杂。

群落的水平结构的形成主要与构成群落的成员的分布状况有关。大多数群落的物种多呈现出不均匀的斑块状分布,这主要决定于生境条件的异质性。

群落的时间格局指的是群落的外貌、物种组成等在时间尺度上的动态变化特征,主要受限于光、温度、湿度等生态因子明显的时间节律性(如昼夜、季节性、年际、地球大周期等)。植物群落表现最明显的就是季相,如温带草原外貌一年四季的变化非常鲜明。

1)植物群落调查常用的测定指标

①样方地理位置、环境特征:GPS 定位坐标;地形地貌,包括山地或平原、坡向及坡度、海拔、底质类型;天气条件;环境异质性、群落均一性(连续性)描述;人为干扰情况,包括土地利用类型、利用强度、退化程度等。

②群落外貌:目测优势种、林地的分层、主要物种的生活型等。

③物种数:物种数及每种物种的个体数(要求分种类逐一计数,及时记录)。

④群落和物种盖度:群落的总体盖度、优势种的盖度。

⑤高度:各种植物的高度(实测或用测高仪测量,及时记录)。

⑥物候期和季相:每种所处的物候期,包括营养期、花蕾期、开花期、结果期、落叶期、休眠期或枯死期(几期同时出现的,以 50% 以上的个体的物候期记录入表),季相(以建群种所处的物候期为群落的季相)。

2)群落中物种优势度高低的主要数量指标

①相对密度(D)=单种个体数/所有种的个体数之和

②相对盖度(RC)=单种盖度/所有种的盖度之和

③相对频度(RF)=单种频度/全部种的频度之和

④相对高度(H)=单种高度(均值)/所有种的高度之和

⑤重要值(IV)=相对密度+相对优势度+相对频度

注:相对优势度可根据实际情况用相对盖度或相对高度来替代。

3)群落调查的常用研究方法

(1)样方法

植物群落的调查也常采用"样方法"。样地选择原则,样方的形状、数量的设置基本类似种群调查,但是所设置的样方大小应根据群落的类型确定。一般情况下,草本群落或农田设置为 $1\sim4m^2$;雨林设置为 $2500\sim3600m^2$;常绿阔叶林设置为 $400\sim600m^2$;落叶阔叶林设置为 $400m^2$;泰加林设置为 $200\sim400m^2$。通常采用标准样绳或塑料绳围成方形面积,然后在其中调查,记录其中各物种的数量指标。

(2)样带法

为研究一个环境梯度植被的变化或者不同生境中的植被的差异,或在估计一个研究地区植被组成种的总体密度和盖度时,通常使用样带法。该方法包括三类。a.样线法:沿梯度拉一根样线,统计接触到样线的不同种类植物的密度;以一定长度间隔为单元分别统计可以得到频度;计量每一植株接触样线的长度可以得到盖度。b.带状样带法:沿样带方向间断设置一系列样方。c.梯度样带法:沿梯度方向设置一条连续的样带,有时可达数百公里。

(3)样点法

该方法主要用于矮生植被中禾草、杂类草、苔藓等的盖度估测。采用一根或一组直径非常小(1.5~2mm)的金属或木质样针,垂直插入土壤,计数接触到样针的植物种类。通过大量取样得到各种植物的盖度。

（4）无样地取样法

该方法适用于地形陡峭不便于做样方的森林中的乔木密度测定，也是人手缺乏时的合适办法。在研究区域内随机选取一组样点（通常沿行走路线确定，一般不少于 50 个），然后采取两种方法测定：a. 测定离样点最近的树木到样点的距离，求平均值，则树木密度为 $1/(2D)^2$。b. 沿同一方向建立以样点为中心的坐标系，分别测定 4 个象限内距离原点最近的树木的种类和距离，则树木密度为 $1/D^2$。两种方法都以样点到树木中心的距离为准（图 1.8）。

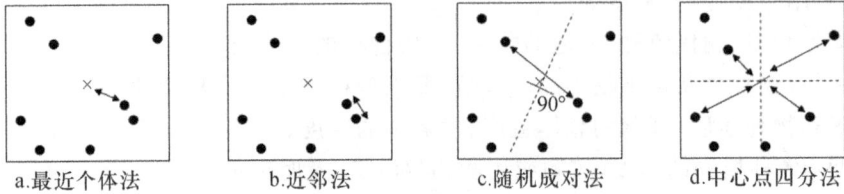

a.最近个体法　　　b.近邻法　　　c.随机成对法　　　d.中心点四分法

**图 1.8　无样地取样法**

3. 植物群落的物种多样性调查

物种多样性是群落内生物组成结构的重要指标，它不仅可以反映群落组织化水平，而且可以通过结构与功能的关系间接反映群落的功能特征。它通常包含两种含义：①种的数目或丰富度（species richness），即一个群落或生境中物种数目的多寡；②种的均匀度（species evenness or equitability），即一个群落或生境中全部物种个体数目的分配状况，它反映的是各物种个体数目分配的均匀程度。

迄今为止，物种多样性指数可以大致分为三类：α-多样性指数、β-多样性指数和 γ-多样性指数。α-多样性指数常用来指导和分析天然森林群落中的植物物种多样性的测定。

1）辛普森多样性指数（Simpson's diversity index）

该指数为假设对无限大的群落随机取样，样本中两个不同种个体相遇的几率。它可认为是一种多样性的测度，其公式表示为

$$D = 1 - \sum_{i=1}^{S} P_i^2$$

式中，$D$ 为多样性指数；$P_i$ 为第 $i$ 个物种的相对丰度（占所有物种总个体数的百分比）；$S$ 为物种数目。

2）香农-威纳指数（Shannon-Weiner index）

该指数假设，在无限大的群落中对个体随机取样，而且样本包含了群落中所有的物种，个体出现的几率即为多样性指数。物种信息量越大，不确定性也越大，因而多样性也就越高。其计算公式为

$$H' = -\sum_{i=1}^{S} (P_i \log_x P_i)$$

式中，$H'$ 为多样性指数；$P_i$ 为第 $i$ 个物种的相对丰度（占所有物种总个体数的百分比）；$S$ 为物种数目；$x$ 根据具体需要可取 2、3、10 或 e。

4. 生态系统初级生产量的测定

生态系统初级生产量测定的方法较多，如收割法、$CO_2$ 同化法、黑白瓶法、放射性同位

素示踪法、叶绿素测定法、pH 测定法等。不同的方法可应用于不同类型生态系统初级生产量的研究,也各有优缺点。本节简单介绍收割法、$CO_2$ 同化法和黑白瓶法。

1)收割法

该法常用于草原生态系统、农田生态系统和森林生态系统。用各种剪刀、锯子或斧子将一定面积的植被地上部分全部取下,将植物的各种器官(如茎、枝、叶、花、果实等各部分)分开,包装起来带回实验室,或在野外直接称其"鲜重",或烘干后再称干重(在 100℃烘箱中烘干 1～2d)。注意:对于灌木以下的植物,精度应达到 0.01g;称量时应去掉粘附的土壤等。

2)$CO_2$ 同化法

该法常用于草原生态系统、农田生态系统,有时也用于森林生态系统。该法测定生态系统的初级生产量,应先建立一个封闭系统(将要测定的对象与外界大气系统隔绝),实验开始前先用 $CO_2$ 红外测定仪测得 $CO_2$ 浓度,经过一段时间(实验时间根据实验对象特点和实验要求而定)的光合作用,再测封闭系统内的 $CO_2$ 浓度,其中减少的 $CO_2$ 已经被固定在植物体内的有机物中。

3)黑白瓶法

该法常用于水域生态系统中浮游植物初级生产量的测定。具体参考本书实验 2.10 内容。

5. 植物叶绿素含量的测定

叶片是植物光合作用的主要器官。叶绿素是植物光合作用最重要的色素,由叶绿素 a、叶绿素 b、胡萝卜素和叶黄素组成。叶绿素 a 与叶绿素 b 是高等植物叶绿素的重要组分,约占叶绿素总量的 75% 左右。高等植物光合作用过程中利用的光能是通过叶绿素吸收的,因此叶绿素的含量与植物的光合速率密切相关。在一定范围内,光合速率随叶绿素含量的增加而升高。另外,叶绿素的含量是植物生长状态的一个反映,某些环境因素(如干旱、盐渍、低温、大气污染、元素缺乏)可以影响叶绿素的含量与组成,进而影响植物的光合速率。因此,叶绿素含量的测定对植物的光合生理与逆境生理研究具有重要意义,同时,叶绿素含量也是指导作物栽培生产和选育作物品种的重要指标。

提取、分离和测定叶绿素是研究它们的特性及作用的第一步。叶绿素不溶于水,溶于有机溶剂,可用多种有机溶剂(如丙酮、乙醇或二甲基亚砜等)研磨提取或浸泡提取。叶绿素在特定提取溶液中对特定波长的光有最大吸收值,用分光光度计测定在该波长下叶绿素溶液的吸光度(也称为光密度),再根据叶绿素在该波长下的吸光系数即可计算叶绿素含量。

利用分光光度计测定叶绿素含量的依据是 Lambert-Beer 定律,即当一束单色光通过溶液时,溶液的吸光度与溶液的浓度和液层厚度的乘积成正比。其数学表达式为

$$A = Kbc$$

式中,$A$ 为吸光度;$K$ 为吸光系数;$b$ 为溶液的厚度;$c$ 为溶液浓度。

叶绿素含量的具体测定方法请参考本书实验 3.4 内容。

## 1.1.5　动物生态学实验研究方法与技术

1. 动物生态学研究的基本内容

动物生态学的主要研究内容有：

①阐明动物与生存条件的关系,生存条件的变化对动物的生理结构、形态特征和行为方式的影响。

②研究在一定的生存条件下各种动物种群的数量关系。

③研究一定的环境条件下种内和种间关系,以及它们对动物进化的意义。

④研究在不同生态条件下动物种群和群落的形成、适应和演化。

⑤人类对动物资源开发利用和动物资源的保护等。

2. 陆生动物类群的野外生态学观测方法

1)陆生动物类群的种类与种群数量调查方法

（1）总体记数法

该方法适用于生活在开阔地带或狭小地区、栖息范围有限的大、中型兽类。一些群居性动物在繁殖季节常集群生活,更容易集中记数,记数时直接统计其全部数量即可。总体记数时,时间要相对集中,防止动物迁移造成的漏计或重计。

（2）样方记数法

如果调查的范围很大,无法对全部动物个体进行直接记数,需采用抽样的方法记数。将调查区域划分为若干个样方,然后随机抽取或规则抽取部分样方,调查动物的数量,根据多个样方算出平均数,以推断整个区域的动物种群数量。样方的数量及形状可根据研究地实际情况而定。根据研究对象的不同,样方的大小、数量均有不同要求。由于大型兽类领域较大,活动能力强,一般不采用样方法进行记数;鸟类的样方一般设置为 100m×100m 或 50m×50m;昆虫的样方设置为 1m×1m;小型无脊椎动物的样方设置为 5m×5m。

（3）样地哄赶法

对于一些隐秘在草丛或灌丛中的兽类,采用哄赶的方法可统计动物的绝对数量。此法适用于地势平坦或坡度不大的山地。样地的选择需要有代表性,常根据调查区域的天然分界（如林间小路、防火带、山口等）确定哄赶区。大型兽类哄赶区样地面积应在 $50hm^2$ 以上;小型兽类样地面积为 $10hm^2$ 左右。参与哄赶的人员在 30 人左右,分成 4 组,调查各组分别从样方的 4 个角的位置,按预定时间,沿顺时针方向行走,将样地包围起来,每人间距 100m 左右,记录所遇见的动物种类及数量,并记录动物逃逸方向。完成包围后,缩小包围圈,记录遇见的种类和数量,以逃逸出包围圈的动物总数量除以样地面积,即为动物的绝对密度。

（4）样带法

该法因很少受生境条件的限制,可节省人力物力,是测定大中型兽类、鸟类、两栖类、爬行类动物种群数量的最基本的方法。采用该法时,按预定路线行走,观察遇见的动物数量,记录动物出现的距离。以动物与行走路线的平均垂直距离作为样带的宽度。调查结束后,将动物数量除以样带宽度与长度的积,得出单位面积上种群数量,再乘以研究区域总面积,即可获得整个研究区域的动物种群数量。其方程为

$$P = \frac{AZ}{2XY}$$

式中,$P$ 为种群数量;$A$ 为研究区域总面积;$X$ 为样带的长度;$Y$ 为样带每侧的宽度;$Z$ 为动物总数。

此外,还有一种简化的样带法,调查者只需记录所遇到的动物数量,然后除以调查的样带长度,从而得到相对密度或相对丰富度。

(5)标志重捕法

该法适用于小型兽类、鱼类、鸟类和昆虫类。具体请参考本书实验 2.5 内容。

(6)指数标定法

指数标定法是指利用一些与动物的实际数量有关的测定指标来估测动物的种群密度。例如,沿着一定的线路调查动物的巢穴、足迹、粪堆、鸣叫等相关指标的数量来推算该区域动物的种群密度。在运用指数标定法时,通常需要先建立观测指数与动物种群的回归方程,然后通过实际观测的相关指标数据,运用回归方程进行估算。

(7)去除取样法

在一个封闭的种群里,随着连续捕捉,种群数量逐渐减少,单位努力捕获量逐渐降低,同时,逐次捕获的累计数就逐渐增大。当单位努力的捕获数为零时,捕获累计数就是种群数量的估计值。

2)昆虫的种类调查与采集方法

昆虫的种群数量调查方法也可采用总体记数法、样方记数法、样地哄赶法、标志重捕法和去除取样法等。具体请参考上述"陆生动物类群的种类与种群数量调查方法"。

昆虫的采集方法有:

(1)网捕法

该法是采集昆虫标本最常见的方法之一。对于飞行迅速的昆虫,要迎头挥动捕虫网捕捉,使网袋下部连同虫子一并甩到网圈上来,以免昆虫逃脱。栖息在草丛或灌木丛中的昆虫要用扫网去捕捉。扫网的使用方法是边走边左右扫动,网口略向下倾斜。可根据需要用镊子将捕获的虫子——取出,也可在网底部开口并套一塑料管,直接将虫子集中于管中。对于水生昆虫,采集时可使用 D 形踢网、手网或单柄踢网,可两人或单人操作。两人操作时,一人在水流上游用手或脚搅动水体底质,将浑浊了的水用脚或手往网内泼,大部分水生昆虫就随水流进入了网内;另一人在水流下游撑住网,待流经网中的水变清后,捞起手网或踢网,将网上的水生昆虫连同底质一起倒入白塑料盘中,然后挑选。

(2)扣管法

有些小型昆虫具快速游走和跳跃习性,可以直接用采集管扣捕。扣捕时左手拿采集管扣住昆虫,右手拿塞子塞住管口,或用拿塞子的右手将昆虫驱入采集管内堵住。

(3)观察搜索法

许多昆虫往往不易被发现,特别是具"拟态"现象的昆虫,与环境融为一体,难以辨认。此时只要振动周边环境,一般昆虫便会受惊起飞;具"假死性"的昆虫经振动便会坠地或吐丝下垂。根据不同昆虫的生境进行观察采集,如土蝽、蝼蛄、步甲及它们的幼虫常生活在土壤中;天牛、象甲、吉丁虫、小蠹虫等大多数甲虫及其幼虫钻蛀在植物茎秆中;卷叶蛾、螟蛾等生活在卷叶中;不少昆虫生活在枯枝、落叶、岩石缝隙中。只要我们仔细观察和搜索,便可从这类环境中采集多种昆虫。

(4)诱捕法

利用昆虫对某些物理、化学因素的特殊趋性或生活习性进行诱捕。具有趋光性的昆虫（如蛾类、蝼蛄、蟋类、金龟子、叶蝉等）可用灯诱的方法在夜间进行诱捕（可用不同频率的诱光灯诱捕不同的昆虫）；具有趋化性的种类（如夜蛾类、金龟子、蝇类等）可用食物来诱捕。

因为昆虫种类不同，采集的季节也不尽相同。一般而言，每年的晚春到秋末，昆虫活动最为频繁，适宜采集。

每天的采集时段也要根据不同的昆虫种类而定。一般白天活动的昆虫多在 10 时至 15 时活动最盛；对于一些喜欢夜间活动的昆虫，采集时间就必须在黄昏后或黎明前。采集一般应在温暖晴朗的天气进行，此时收获较大。

采集的地点可根据采集目标昆虫的栖息环境去寻找。一般来说，植物丰富的地方也是昆虫种类较多的地方。

3）土壤动物的采集技术和方法

土壤动物一般是指那些生命活动的全部过程或有一段时间定期在土壤中度过，对土壤有一定影响的动物。土壤动物是土壤生态系统中的重要组成成分，在生态系统的能量流动、物质循环以及土壤形成与热化过程中均起重要作用，是反映环境变化的敏感指示生物。

(1)土壤动物的采集

①样地选择。一般性调查的样地应尽量具备如下条件：坡度不大，石块较少；基本无人类活动干扰；不在生境边缘；避开蚁巢和白蚁冢。

②取样深度。常分为 0～5cm、5～10cm、10～15cm 3 个层次取样。尽可能考虑与自然土层相符，最好按自然剖面分层取样。

③采集。直接挖取面积为 $1/4m^2$(50cm×50cm)的一定深度的土壤，当即手拣。也可用圆形不锈钢大环刀打入土中，取出其内 5cm 的土样，进行手拣。

(2)土壤动物的实验室分离方法

①手拣法。在解剖镜下采用解剖针拨开土壤，拣出动物，将其装进酒精瓶，并做好标签。

②干漏斗法。绝大多数土壤动物具有遇到干旱必然向潮湿地方移动的习性。干漏斗装置是利用外加热源使土壤水分逐渐蒸发，使动物向下方移动，最终经筛网落入漏斗和标本瓶，该装置也称自动分离器。

③湿漏斗法。湿漏斗的结构大体与干漏斗相同，主要差别在于漏斗下方装有 12～13cm 的长胶管，其上有 2 个止水夹。在接通灯泡电源前，先接好橡胶管上端的止水夹，然后注满干净的自来水。一般用 40W 灯泡照射 48h，抽取结束时，应先装好下端的止水夹，然后打开上端的止水夹，待动物沉淀下来，再夹好，最后打开下端止水夹，动物就会落入接受器皿中。

(3)土壤动物的镜检和种类鉴定

从野外采集的动物标本，经过分离后，需要进一步进行镜检和种类鉴定。通常是将标本倒入培养皿中，在解剖镜下逐一进行观察，按照土壤动物分类检索图（图 1.9）进行分检和种类识别。若要更细致的鉴定，请参考本书附录。

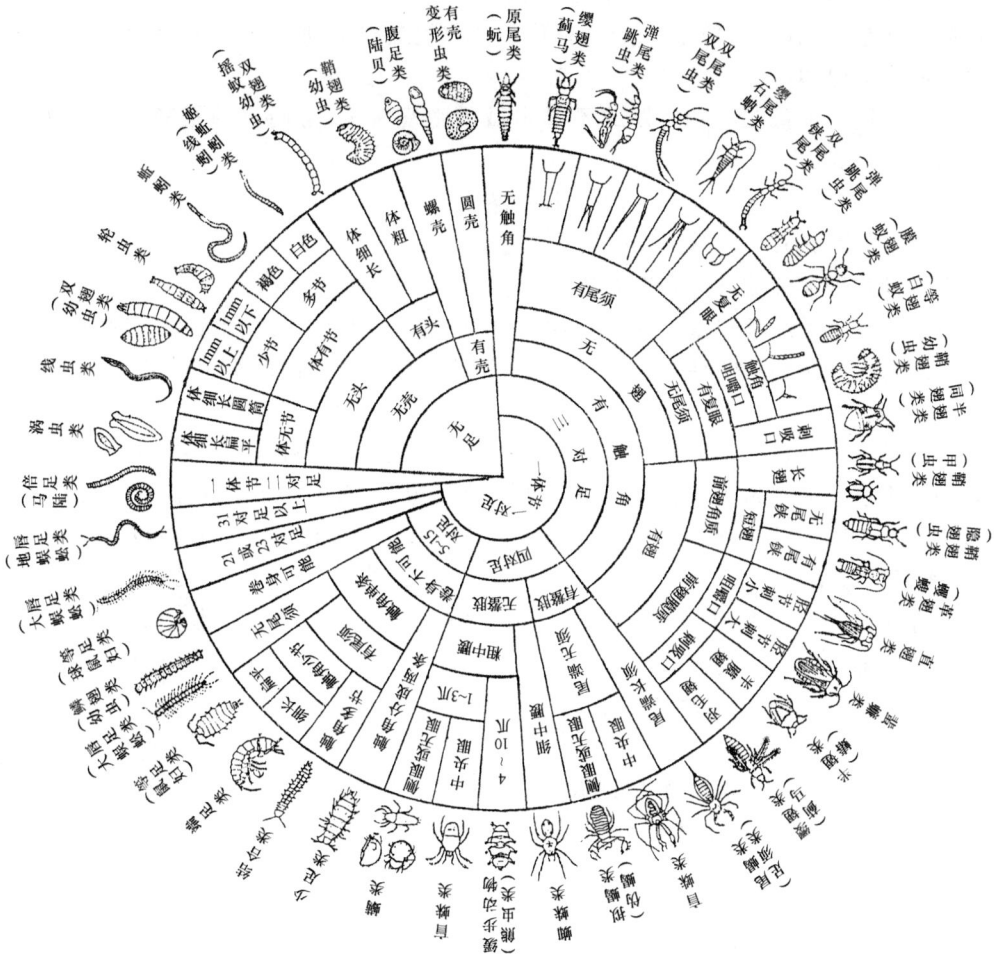

**图 1.9  土壤动物常见种类检索图(尹文英,1992)**

3. 水生动物类群的生态调查和观测方法

水生动物是指生活于水体中的动物类群。它们大多是在物种进化中未曾脱离水体生活的一级水生动物,但是也包括像鲸鱼和水生昆虫之类由陆生动物转化成的二级水生生物,后者有的并不靠水中的溶解氧来呼吸。按照栖息场所不同,水生动物可分为海洋动物和淡水动物两类。水生动物是水生生态系统中食物链(网)的重要组成部分,对水体的物质循环、能量转化以及水体环境具有重要的影响。

1)鱼类种类和数量的调查方法

(1)鱼类样品的采集

鱼类样品可由研究者亲自去捕捞,也可利用渔场或渔民所提供的鱼类样品。

(2)鱼体的测量和称重

鱼体的长度以厘米(cm)或毫米(mm)为单位,最好使用量鱼板来测量。常用的长度指标有:①体长,即鱼的吻端至尾鳍中央鳍条基部的直线长度。②全长,即鱼的吻端至尾鳍末端的直线长度。对于尾鳍分叉的鱼类,在测量其全长时,可将尾鳍的两叶握紧,选其中较长的一叶来测量,或者把尾鳍摆成自然状态进行测量。

　　鱼体的质量以克(g)或毫克(mg)为单位。在称重过程中,所有样品应保持标准湿度,以免因失水而造成误差。

　　为了比较同一种鱼在不同时期或不同水域的肥瘦情况,常用鱼的肥满度指标来测定。鱼的肥满度的公式为

$$K = W/L^3$$

式中,$K$ 为肥满度,%;$L$ 为体长,cm;$W$ 为体重,g。

　　2)浮游动物种类和数量的调查方法

　　浮游动物是一类经常在水中浮游,本身不能制造有机物的异养型无脊椎动物和脊索动物幼体的总称。浮游动物的种类极多,包括低等的原生动物、腔肠动物、栉水母、轮虫、甲壳动物、腹足动物等。其中以种类繁多、数量极大、分布又广的桡足类最为突出。浮游动物在不同水域中的分布也较广。无论是在淡水,还是在海水的浅层和深层,都有典型的代表。浮游动物是中上层水域中鱼类和其他经济动物的重要饵料,对渔业的发展具有重要意义。由于很多种浮游动物的分布与气候有关,因此,它们也可作为暖流、寒流的指示动物。

　　(1)水样的采集

　　采集浮游动物定性和定量样品的工具有浮游生物采集网和采水器。浮游生物采集网的孔径一般为 $64\mu m$(25 号)和 $86\mu m$(13 号)。采水器一般为有机玻璃采水器(图 1.10),容量为 2.5L 和 5L。

　　①采样点设置。应根据水体的面积、浮游动物的生态分布特点、工作条件和要求等进行采样点设置。在水体的中心区、沿岸区、主要的进出水口附近必须设置有代表性的采样点。

　　②采样频率和时间。根据研究目的不同,可每月采样 1~4 次,或每季度 1 次,或春、夏各 1 次,或仅夏季 1 次。采样时间应尽量在每天的相近时间。

　　③采样层次。采样层次视水体深浅而定。若水深在 2m 以内,可采表层(0.5m)的水样;若水深 2~10m,至少应取表层(0.5m)和底层(离底 0.5m)两处的混合水样。

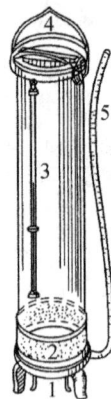

图 1.10　有机玻璃采水器示意图
(章家恩,2007)
1—进水阀门;2—压重铅阀;
3—温度计;4—溢水门;
5—橡皮管

　　④采水量。一般采水量为 1000mL。若采混合水样,则每层平均取样。

　　(2)水样的固定

　　采得的水样应立即加以固定,以杀死水样中的浮游动物和其他生物。固定剂一般采用碘液。固定剂用量一般为水样的 1%,使水样呈棕黄色即可。需要长时间保存的样品,应再加入 5mL 左右的甲醛溶液。

　　(3)水样的浓缩

　　将水体中的浮游动物浓缩到较小的体积中,一般采用沉淀法和过滤法。

　　①沉淀法。把筒形分液漏斗固定在架子上,将水样倒入分液漏斗沉淀 24~48h 后,去掉上层清液,把下层沉淀浓缩样品倒入试剂瓶中,定量为 30mL 或 50mL。

②过滤法。甲壳动物一般个体较大,在水体中的丰度也较低,因此需要用浮游生物网过滤较多的水样才具有较好的代表性。

(4)计数

①原生动物、轮虫的计数。计数时,沉淀样品要先充分摇匀。然后,用定量吸管吸取 0.1mL 注入 0.1mL 计数框(或血球计数板)中,在 $10\times20$ 的放大倍数下计数原生动物;或吸取 1mL 注入 1mL 计数框中,在 $10\times10$ 的放大倍数下计数轮虫。一般计数两次,取平均值。

②甲壳动物的计数。取 10~50L 水样,用孔径为 $64\mu m$(25 号)浮游生物网过滤,把过滤得到的生物放入标本瓶中,在计数时,根据样品中甲壳动物的量分若干次全部过数。

3)底栖动物种类、数量和生物量的观测方法

底栖动物是指生活史的全部或大部分时间生活于水体底部的水生动物类群。其栖息的形式多为固着于岩石等坚硬的基体上和埋没于泥沙等松软的基底中,或附着于植物或其他底栖动物的体表,或栖息在潮间带。多数种类个体较大,易于辨认。在摄食方法上,它们以悬浮物摄食和沉积物摄食居多。多数底栖动物长期生活在底泥中,具有区域性强、迁移能力弱等特点,对于环境污染及变化通常少有回避能力,其群落受到破坏后重建需要相对较长的时间。不同种类底栖动物对环境条件的适应性及对污染等不利因素的耐受力和敏感程度不同。根据上述特点,底栖动物的种群结构、优势种类、数量等参量可以确切反应水体的质量状况。底栖动物的现存量指单位体积或单位面积底泥中所存在的各类底栖动物的数量(密度)或质量(生物量),通常采用采泥器法测定。

(1)样点的设置

在水体中选择有代表性的点用采泥器采集作为小样本,将若干小样本连成的若干断面作为大样本,然后由样本推断总体。设置样点时,应考虑底栖动物的分布特点,使所采集的样本具有代表性。一般在水体的沿岸带、敞水带及不同的大型水生植物分布区均需设置样点和断面。

(2)样品的采集和处理

当采泥器在采样点采样后,底栖动物与底泥、腐屑等混为一体,需经过洗涤后才能进行检测。筛洗、澄清后,将获得的样品贴上标签带回实验室进行进一步的分拣。样品一般应放入冰箱(0℃)保存,或用酒精浸泡保存。

(3)样品的鉴定

软体动物和水栖寡毛类的优势种应鉴定到种;摇蚊科幼虫鉴定到属;水生昆虫鉴定到科。水栖寡毛类和摇蚊科幼虫等应先制片,然后在解剖镜或显微镜下观察鉴定。

(4)计数和称重

把每个采样点所得的底栖动物按不同种类准确地统计个体数,再根据采样器的开口面积推算出 $1m^2$ 面积内的个数,包括每个物种的数量和总数量。

小型种类的称重,可将其从保存剂中取出,放在吸水纸上吸去标本上附着的水分,然后在感量为 0.1g 或 0.01g 的天平上称量;大型种类,用托盘天平或电子天平称量即可。将称量所得结果换算为 $1m^2$ 面积上的生物量(单位为 $g\cdot m^{-2}$)。

## 1.1.6 生态系统能量流动与物质循环的研究方法与技术

生态系统是指在一定的空间和时间范围内,在各种生物之间以及生物群落与其无机环境之间,通过能量流动和物质循环而相互作用的一个统一整体。地球上生命的生存与发展,完全依赖于生态系统的能量流动和物质循环,能量的单向流动和物质周而复始的循环推动了一切生命活动的进行。能量流动和物质循环是生态系统的动力核心,也是生态系统功能的两个主要方面。

1. 生态系统中的能量流动

生态系统的能量流动分析,就是对生态系统能量的输入及其在系统各组分之间的传递、转化和散失情况进行分析。研究能量流动可以是在个体水平上,也可以在群体水平上。通常在群体水平上,这种将群体视为一个整体进行研究是系统科学常用的研究方法,一般可分为以下几个步骤:

①确定研究对象和对象的边界。根据研究目的确定研究对象,并确定所研究生态系统的规模、时间、空间尺度及其边界。

②明确系统的组成成分及相互关系,按照统一的能流符号,绘出能流路径。

③通过实测或搜集到的资料,确定各组分的各种实物流量或输入、输出量。

④按照各种实物的折能系数,将不同物质的实物流量转换为能流量。

⑤进行能流分析,包括输入能量结构分析、产出能量结构分析、输入能流密度分析、产出能量密度分析、各种能量转换效率计算与分析。

2. 生态系统中的物质循坏

在生态系统中,组成生物体的 C、H、O、N、P、S 等基本化学元素不断地进行着从无机环境到生物群落,又从生物群落到无机环境的循环过程。这称为生态系统的物质循环。

生命的维持不但需要能量,而且也依赖于各种化学元素的供应。生态系统是由无机环境和生命有机体构成的物质实体。物质在生态系统中起着双重作用,既是维持生命活动的物质基础,又是能量的载体。没有物质,能量就不可能沿着食物链进行传递。因此,生态系统中的物质循环和能量流动是紧密联系的,它们是生态系统的两个基本功能。

当前,面临的许多全球性环境生态问题与人类影响下的生态系统的物质循环有密切关系。研究生态系统的物质循环,有利于理解和正确处理当今人类面临的全球性环境问题,并有助于改善人类的生存环境。

生态系统物流模型的建立一般根据研究的物流对象(如水分、C、N、P、K 等),采用以下几个步骤:

①确定生态系统的边界与研究对象,绘制生态系统库和物流关系图。

②确定生态系统的养分输入、输出项目,并调查和测定获得各项目的实际数量和流量。

③列出生态系统的养分平衡表,同时绘制生态系统物流图。

④进行物流分析,包括物质投入、产出效率分析,物质周转期与循环率分析,物质转化效率分析等。

### 3. 生态系统中土壤有机质含量的测定

土壤有机质是土壤中各种形态有机化合物的总称,包括土壤中未分解和半分解的各种动植物残体、微生物代谢产物及其分解与合成的各种有机形态(腐殖质等)三类物质。土壤有机质既是植物矿质营养和有机营养的源泉(本身含有氮、磷、钾、钙、镁、有机碳、硫和其他微量元素,以及各种简单的有机化合物),又是土壤中异养型微生物的能源物质,同时也是形成土壤结构的重要因素。土壤有机质直接影响着土壤的耐肥性、保墒性、缓冲性、耕性、通气状况和土壤温度等,因此,土壤有机质是鉴别土壤肥力的重要标志。土壤有机质含量是指单位体积土壤中含有的各种动植物残体与微生物及其分解合成的有机物质的数量。一般以有机质占干土重的百分数表示。目前,测定土壤有机质含量比较普遍的方法是重铬酸钾容量法。其实验原理请参考本书实验 3.3 内容。

## 1.1.7　生态环境监测方法与技术

随着人类社会的发展,全球性的环境污染和生态破坏给人类的生存和发展带来了空前的威胁和挑战。为了正确认识环境质量,解决现存或潜在的环境问题,保障人类的可持续发展,生态环境监测越来越成为生态环境保护过程中一项必不可少的基础性工作。

生态环境监测通常可分为水质监测、空气监测、土壤监测、固体废物监测、生物监测、物理污染监测等内容。

生态环境监测的一般程序为:现场调查→监测方案设计→样品采集→样品预处理→样品分析测试→数据处理→综合评价→提出治理方案与措施等。

生态环境监测方法与技术包括野外采样技术、样品预处理技术、分析测试技术以及数据处理技术等方面。

### 1. 生态环境样品的野外采集技术

样品的野外采集是生态环境监测过程中一个重要的步骤。采集的样品必须具有代表性和完整性,即在规定的采样时间、地点,用规范的采样方法,采集符合被测样品真实情况的样品。这样才能保证分析测试结果和最终综合评价结果的准确性和可靠性。

1)水样的采集

(1)水样的分类

①瞬时水样。它是指在某一时间和地点从水体中随机采集的分散水样。对于水体流量和污染物浓度都相对稳定的水体,采集瞬时水样具有很好的代表性。

②混合水样。它是指在同一采样点于不同时间所采集的瞬时水样的混合水样,又称时间混合水样。这种水样在需要测定平均浓度或计算单位时间的污染物质负荷时非常有用。但在被测组分在贮存过程中发生明显变化或样品混合后其中待测成分或性质发生明显变化时,不适合采集此类水样。

③综合水样。它是指在不同采样点同时采集的各个瞬时水样的混合样品。综合水样适于下列情况:a.为了评价平均组分或总的负荷,如一条河川上,水质沿着江河的宽度和深度的变化,则采用能代表整个横断面上的各点和它们相对流量成比例的混合样品。b.当为几条废水沟渠建立污水处理厂时,则以综合水样取得的水质参数作为设计依据更为合理。

（2）采样前的准备工作

采样前，应根据监测项目的种类和采样方法的要求，选择合适材质的采样器和盛水容器，并清洗干净。除此之外，还要准备好野外采样常用的必备工具、器材以及交通工具（包括船只）等。

①采样器的准备。采样器一般较简单，只要能将容器沉入要取样的水中即可。若欲从一定深度采样，则需要专门采样器。玻璃或塑料采样器，要按容器的一般清洗方法洗净备用；金属采样器，应先用洗涤剂清除污垢，再用自来水冲洗干净，晾干备用；特殊采样器的洗涤方法按说明书要求进行。

②水样容器的准备。a.容器的材质：装储水样的容器应保证水样的各组分在保存期内不与容器发生反应，不吸收或吸附某些待测组分，不会对水样造成污染，且稳定性好，抗极端温度，抗震性能好，易清洗，可反复使用。常见的水样容器材料有聚四氟乙烯、聚乙烯塑料、石英玻璃和硼硅玻璃，其稳定性依次递减。通常塑料容器作为测定金属、放射性元素和其他无机物的水样容器；玻璃容器作为测定有机物、生物等的盛样容器。对于特殊测定项目，还需专门容器，比如测溶解氧和BOD应使用专用容器；用于微生物监测的样品容器则要求能够经受高温灭菌处理。b.容器的洗涤：一般容器首先用水和洗涤剂清洗，以除去灰尘和污垢，再用自来水清洗干净，之后用10%的硝酸浸泡24h，取出沥干，用自来水漂洗干净，最后用去离子水充分荡洗3～5遍。对于有特殊要求的样品容器，也须用洗涤剂清洗，用自来水洗净后再分别按特殊要求处理。比如测铬的样品容器只能用10%硝酸浸洗，不能用盐酸或铬酸洗液浸洗；测汞的样品容器可用(1+3)硝酸充分荡洗并静置数小时后，再依次用自来水和去离子水漂洗干净；测油类样品应选用广口玻璃瓶作容器，按一般方法洗涤后，还要用萃取剂（如石油醚等）彻底荡洗两三次。

③其他物品的准备。通常在野外采样时还需携带样品保存剂、玻璃量器、移液管、所需化学试剂等，即时测定水质参数的仪器设备（如pH计、温度计、电导仪、溶氧仪、塞氏盘等）及其他测量设备（如流速测定仪、水深测定仪等），各种必要的表格、标签、记录纸，样品运输工具（如木箱、塑料箱等），另外还需配备工作服、雨衣、常用药品等安全防护用品。

（3）水样的采集

①表层水水样的采集。在河流、湖泊、水库（塘）、农田灌溉系统等可以直接汲水的场合，可用适当的容器（如水桶、瓶等）沉至水面下0.3～0.5m处直接采集。

②深层水水样的采集。在湖泊、水库等处采集一定深度的水样时，常使用有机玻璃采水器（图1.10）。将采水器沉至所需深度时（可从绳上的标度看出），上提细绳，打开瓶盖，待水样充满容器后提出。对于水流急的断面，应采用图1.11所示的急流采水器。采集水样时，打开铁框的铁栏，将样瓶用橡皮塞塞紧，再将铁栏扣紧，然后沿船身垂直方向伸入到要求的水深处，打开钢管上部橡皮管的夹子，水样便从橡皮塞的长玻璃管流入样瓶，瓶内空气则由短玻璃管排出。

③泉水、井水水样的采集。对于自喷泉水，可在涌水口直接采样。而对于不自喷泉水，则要把停滞在抽水管中的水排出，待新水更替后再取样。从井水采集水样，也必须在充分抽

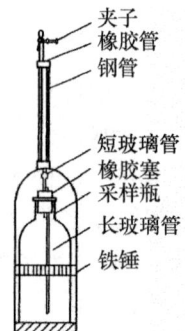

夹子
橡胶管
钢管

短玻璃管
橡胶塞
采样瓶
长玻璃管
铁锤

图1.11　急流采水器示意图
（章家恩，2007）

汲后进行,采样深度应在距地下水水面 0.5m 以下,以确保水样能代表地下水水质。

④自来水或抽水设备中的水样的采集。采集这类水样时,应先放水数分钟,使积留在水管中的陈水和杂质排出,然后再取样。

在采集水样时,对于需要进行现场测定的项目(如 pH 值、温度、电导率、溶解氧、氧化还原电位等),应在现场认真记录填写,并妥善保管记录。通常根据不同的分析要求,将采集到的水样分装成数份,并分别加入保存剂,每一份应贴上一张用不褪色的墨水填写的完整的水样标签,记录采样时间、采样地点、监测项目、添加保存剂的种类和数量等信息。

(4)特殊样品的采集

①油类。采集油类的水样,应采用单层采水器(图 1.12)。固定样品瓶在水体中直接灌装,采样后迅速提出水面,保持一定的顶空体积,在现场用石油醚直接萃取。

②溶解性气体的采集。采集溶解气体(如溶解氧)的水样,常用双瓶采水器采集(图 1.13)。将采水器沉入要求的水深处,打开上部的橡胶管夹,水样进入小瓶(采样瓶),并将空气排入大瓶,从连接大瓶短玻璃管的橡胶管排出,直到大瓶充满水样,提出水面后迅速密封。

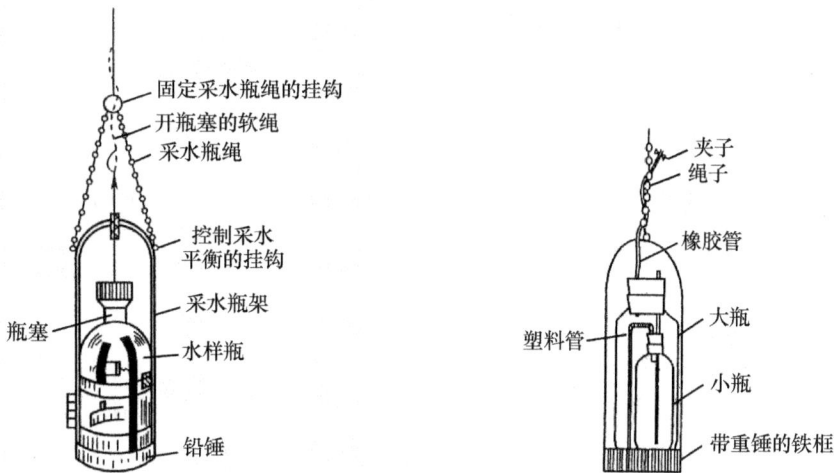

图 1.12 单层采水器示意图(章家恩,2007) 图 1.13 双瓶采水器示意图(章家恩,2007)

③悬浮物的采集。用于悬浮物测定的水样,在采集后应尽快从采水器中放出,且在装瓶的同时不断摇动采水器,防止悬浮物在采水器内沉淀。非代表性杂质(如树叶、杆状物等)应从样品中除去,并尽快送回实验室分析。

④重金属污染水样的采集。因重金属污染物和部分有机污染物都很容易被悬浮物质吸附,所以这类样品的采集方式也与悬浮物样品采集类似,在采样后的分装时,必须边摇动采样器边向样品容器装样品,以减少被测物质的沉降,确保样品的代表性。

⑤底质样品的采集。表层底质样品的采集一般采用掘式或锥式采样器。前者适用于采集量较大的样品,后者适用于采样量小的样品。柱状样品的采集一般采用管式泥芯采样器,以便监测底质中污染物的垂直分布情况。如果水深小于 3m,可将竹竿粗的一端削成尖头斜面,插入河底取样。样品在尽量沥干水分后,用塑料或玻璃瓶盛装。用于测有机物的样品,应用金属器具采样,置于棕色磨口玻璃瓶中。所采底质的外观性状、颜色、嗅和味等均应填

入采样记录表中。

(5)采样注意事项

①采样前,应先用水样荡洗取样瓶和塞子两三次(除采油的容器外)。

②当用船只或人直接涉水采样时,应注意采样船或人定点于采样点下游方向,以免船体污染水样和搅起水底沉积物。

③对用于测定 DO 值、BOD 值、pH 值、$CO_2$、挥发性与半挥发性有机物污染物项目的水样,采样时必须充满采集器,以免残留空气对测定项目的干扰。但对于用其他项目的水样,采集器时样品瓶至少留 1/10 顶空,以满足分析前样品充分摇匀的要求。

④测定水样中油类、BOD 值、DO 值、硫化物、余氯、粪大肠杆菌、悬浮物、放射性等项目时要单独采样,不能使用混合水样。

⑤采集多层次的深水水域样品时,要按从浅到深的顺序采集。若某一水域同时要采集水样和底质样品,则要先采水样后再采底质样品,以免底质样品对上面的水样造成干扰。

(6)采样深度

对于水深小于 5m 的河流、湖泊、水库(塘)、水渠等,可在水面下 0.3~0.5m 处采样;对于水深在 5~10m 的水域,则可设置在水面下 0.5m 和水底上 0.5m 处分别采样;而水深在 10m 以上的水域,应设置上(水面下 0.5m)、中(1/2 水深处)、下(水底上 0.5m)3 个点分别采样。另外,也可根据研究的需要,进行分层取样,分层取样时应按先上层后下层的顺序进行。

(7)采样量

水样采集量由具体的分析项目而定。现场采样量通常为实际用量的 3~5 倍。一般采集 50~2000mL 即可达到要求。对于底质样品的采集量也视监测项目和目的而定,通常为 1~2kg。如果样品不易采集或测定项目较少,采样量可酌减。

(8)样品的运输

运输前对采集的每个水样以及底质样品都应进行采样记录和标签的核对,核对无误后塞紧样品容器塞子进行装箱。为防止样品在运输过程中因震动、碰撞而导致破损、沾污,样品容器装箱时应用泡沫塑料或波纹纸间隔。对于需冷藏的样品,应配备专门的隔热容器,放入制冷剂,将样品瓶置于其中保存。冬季采样必要时要采取保温措施,以免冻裂样品瓶。

(9)样品的保存

不能及时运输或尽快分析测试的样品,应根据监测项目的要求,采取合适的保存方法。

水样的运输常以 24h 作为最大允许时间。水样的保存期与多种因素有关,如组分的稳定性与浓度、水样的污染程度等。水样的最长存放时间一般为:清洁水样 72h;轻污染水样 48h;严重污染水样 12h。污水的存放时间越短越好。保存水样的常用方法有冷藏、冷冻和加入保护剂保存法。冷藏或冷冻的作用是抑制微生物活动,降低化学反应和物理挥发速度。加入保护剂则可以固定水样中某些待测组分。保护剂可以事先加入空瓶中,也可在采样后加入水中。值得注意的是,如果是酸碱保存剂,应使用优级纯品。保存剂中如果杂质太多,则必须先提纯。分析水样时应做空白试验。

对于底质样品,应立即送回实验室进行处理和分析,如放置时间较长,则应放于 $-40 \sim -20℃$ 冷柜中保存。

2)土壤污染样品的采集方法与技术

(1)采样前的准备

根据土壤环境监测项目的目标和要求,首先对监测地区进行调查研究,了解区域的地形地貌、植被水文、土壤类型、农业生产情况、污染历史与现状等,然后制定采样方案,包括采样路线、采样时间、样点布设等。除此之外,还要准备采样工具(如土钻、土铲、铁锹、锄头、小榔头等)、必备的仪器工具(如 GPS、罗盘、高度计、卷尺、环刀、样品袋、照相机、铅笔、标签等)及安全防护用品(如雨具、登山鞋、安全帽、常用药品)等。

(2)采样点的布设

在调查研究的基础上选择能代表调查区域的地块,并挑选一定面积的非污染区做分析对照。由于土壤本身在空间分布上具有不均匀性,所以为了使土壤样品具有代表性,在采样时要遵循随机选点、多点采样、各样点等量混合、使样点尽量少但具有最大代表性的原则进行布点。下面介绍几种常见的布点方法。

①对角线布点法(图 1.14a)。该法是由田块进水口向对角引一斜线,将此对角线三等分,以每等分的中央点作为采样点。具体操作中的采样点点数可根据调查监测的目的、田块面积的大小、地形等条件作适当调整。此布点法适用于面积小、地势平坦的受污染水灌溉的田块。

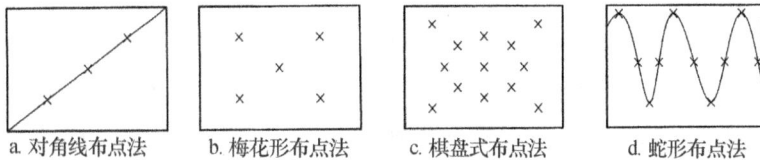

图 1.14　土壤采样布点示意图

a. 对角线布点法　b. 梅花形布点法　c. 棋盘式布点法　d. 蛇形布点法

②梅花形布点法(图 1.14b)。该法适用于面积中等、地势平坦、土壤较为均匀的田块,中心点设在两对角线相交处,一般设 5~10 个采样点。

③棋盘式布点法(图 1.14c)。该法适用于面积中等、地势平坦、地形完整开阔、土壤较不均匀的田块,一般采样点在 10 个以上。此法也适用于受固体废物污染的土壤,因固体废物分布不均匀,采样点应设 20 个以上。

④蛇形布点法(图 1.14d)。该法适用于面积较大、地势不太平坦、土壤不够均匀的田块,采样点数目较多。

(3)采样时间

采样时间根据监测目的而定。如果只是为了了解土壤污染情况,可随时采集土样测定;若需要同时了解土壤生长作物的污染毒害情况,则可在植物生长或收获季节同时采集土壤和植物样品;对于环境影响跟踪监测项目,可根据生产周期或年度计划实施土壤质量监测。但每次采样应尽量保持采样点位置固定,以确保测试数据的有效性和可比性。

(4)采样深度

如果只是为了一般地了解土壤污染情况,采样深度只需取地面垂直向下 15cm 的耕层土或耕层以下 15~30cm 的土样;如果要了解土壤污染深度,则应按照土壤剖面层次(图 1.7)分层采样。采样时在各层最典型的中部自下而上用小铲切取一片土壤样品,每个采样点的取土深度和取样量应一致。用于重金属项目分析的土样,应将和金属采样器接触部分的土样弃去。

（5）采样方法

①采样筒取样。将长 10cm、直径 8cm 的金属或塑料采样器的采样筒直接压入土层内，然后用铲子将其铲出，清除采样筒口多余的土壤，采样筒内的土壤即为所需样品。

②土钻取样。用土钻钻至所需深度后，将其提出，用挖土勺挖出土样。

③挖坑取样。该法适用于采集分层土样。先用铁铲挖一截面 1.5m×1m、深 1m 的坑，平整其中一面坑壁，并用干净的取样小刀或小铁铲刮去坑壁表面 1～5cm 的土，然后在所需要的层次采样。

（6）采样量

采样量视分析测试项目而定，通常只需要 1～2kg 即可。对多点采集的混合土样，可在现场反复按四分法弃取，最后留下所需的土样量，装入样品袋中，贴上标签，做好记录（时间、地点、土壤深度、采样人姓名等）。

（7）土壤样品的制备与保存

①土样的风干。将采集的土样全部倒在干净的塑料薄膜或瓷盘内，在阴凉通风处慢慢风干（风干后的样品易混合均匀，分析结果的重复性、准确性都较好），在其处于半干状态时用木棍或塑料棍压碎土块，除去植物残体、石块、沙砾等杂物，铺成薄层，经常翻动，充分风干，要防止阳光直射，尘埃落入，以及酸碱等气体的污染。在测定土壤样品中的游离性挥发酚、铵氮、硝氮、低价铁等不稳定项目时，则需要新鲜土壤样品，不需要风干。

②磨碎和过筛。风干后的土样用有机玻璃棒或木棒碾碎后，视不同分析项目的要求过不同类型的筛。进行物理分析时，将碾碎土样过 2mm 孔径筛即可；分析有机质、全氮项目时，应取部分已过 2mm 筛的土样，用玛瑙或有机玻璃研钵继续研细，使其全部过 60 号筛（0.25mm）；如需用作化学分析，则需使磨碎的土样全部过孔径为 1mm 或 0.5mm 的筛子；用原子吸收光度法测 Cd、Cu、Ni 等重金属样品时，土样必须全部通过 100 号筛（尼龙筛）。将研磨过筛后的样品混合均匀，装瓶，贴上标签，编号，储存。

③土样的保存。将风干土样、沉积物或标准土样等储存于干净的玻璃或聚乙烯容器内，在常温、阴凉、干燥、避光、石蜡封存条件下保存。一般土样常保存半年至一年，以备必要时核查；标样或对照样品则需长期妥善保存。

3）植物样品的采集方法与技术

（1）植物样品的采集

①植物样品采集的一般原则。植物样品的采集要注意样品的代表性、典型性和适时性。代表性指能代表一定范围内污染情况和能反映研究目的；典型性指采集的植株部位能充分反映所要了解的情况；适时性指依据植物的生长习性确定采样时间，以便能够反映需要了解的污染情况。

②采样前的准备工作。采样前应准备好剪刀、锄、铲等采样工具，布袋（塑料袋）、标签、绳、记录本、笔等保存记录用品以及实验室制备、预处理的用品。

③采样量。一般根据监测项目的要求确定采样量，即确保在样品预处理后，有足够的数量用于分析测试。一般要求样品经制备后至少有 20～50g 干样品，新鲜样品按含水量 80%～90%计算采集量。对于水生植物、水果、蔬菜等含水量高的植物，采样量还需酌情增加。

④采集方法。在已选好的样区做成样方，草本及农作物样区为 1m×1m；灌木为 2m×

2m;乔木群落为 10m×10m。在选定的样方内以对角线五点采样法或交叉间隔法采样(图1.15),采取 5～10 个样品混合组成 1 个代表样。植物的不同器官(如根、茎、叶等)可以分别采集,也可以整株带回实验室后再按部位分开处理。对于灌木、乔木群落,应该按照草本、灌木、乔木分层采样并编号。在采集测定样品的同时,还应采集优势种植物,以便作鉴定植物科属之用。如果采集样品为根部,在抖掉附着的泥土时,应尽量保持根系的完整,带回实验室后要用水反复清洗,但不能浸泡。如果采集的蔬菜样品要进行鲜样分析,为防止水分蒸发过大(尤其是夏天),植株最好连根带泥一起挖出,或用清洁湿布包住,以免萎蔫。采集果树样品时则要注意树龄、株型、生长势、结果数量、果实着生部位及方向等资料的记录。水生植物(如浮萍、眼子菜、藻类等)一般采集其全株并用清水洗涤,如从污水中采集,需用清水洗净并除去水草、小螺等物。

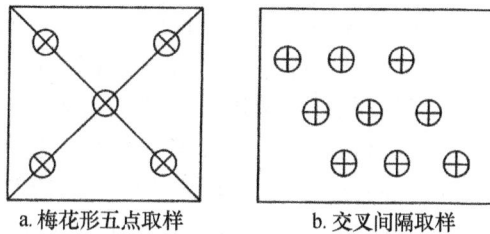

a. 梅花形五点取样　　　b. 交叉间隔取样

**图 1.15　作物采样方式**

⑤样品的保存。将采集好的植物样品装入布袋或塑料袋,贴好标签,做好记录(样品编号、采集地点、植物种类、分析项目等)。带回实验室后,先用清洁水洗净,之后立即放在干燥通风处晾干或用鼓风干燥箱烘干。如用新鲜样品进行测定,应立即处理和分析,若当天不能处理分析完的应暂时保存在冰箱内。

(2)植物样品的制备

从野外采集回来的原始样品应根据分析项目的要求,按植物特性用不同方法选取。例如,对于果实、块根、块茎、瓜类等样品,洗净后将其切成 4 块或 8 块,根据需要取每块的 1/8或 1/16 混合成平均样;对于粮食、种子等样品,待其充分混匀后,平铺在木板或玻璃上,用四分法多次选取,得到缩分后的平均样。最后对各个样品进行预处理,制成分析样品。

①新鲜样品的制备。若要测定植物体内易挥发、转化或降解的污染物(酚、氰、亚硝酸盐等),植物中的维生素、氨基酸、糖、生物碱等指标,以及多汁的瓜果蔬菜样品,应采用新鲜样品进行分析。具体步骤如下:将洗净晾干或擦干后的样品切碎,混匀,称重,放入电动组织捣碎机中,加入与样品等量的蒸馏水或去离子水,捣碎 1～2min,制成匀浆。对含水量少的可加 2 倍于样品的水;对含水量多的(如西红柿)可不加水。对根、茎秆、叶等含纤维素较多或较硬的样品,可切成小片或小块,混匀后于研钵内加石英砂研磨。

②干样的制备。分析植物中稳定的污染物(如某些金属和非金属元素、有机农药等),一般用风干样品。样品洗净后,在干燥通风处风干或放在 40～60℃ 的鼓风干燥箱中烘干。样品干燥后,去除灰尘、杂物,将其剪碎,然后用磨碎机粉碎(像谷类的种子则应先脱壳再粉碎)。粉碎好的样品根据分析方法的要求过筛,然后存于广口玻璃瓶或聚乙烯瓶中备用。对于某些金属元素的样品,应尽量避免来自金属器械、金属筛、玻璃瓶的污染,最好用玛瑙研钵磨碎,尼龙筛过筛,聚乙烯瓶保存。

## 2. 生态环境样品预处理技术

生态环境样品(如水、底质、土壤、大气颗粒物、生物样品等)的组成是相当复杂的,而且多数污染物组分含量低,存在的形态各异,所以在进行仪器分析测定之前,要根据分析项目的不同要求对样品进行适当的预处理,以得到符合测定要求的形态、浓度和消除共存组分干扰的试样体系。下面介绍几种常用的预处理方法。

### 1)消解和灰化

分析环境样品中的痕量无机物时,通常将其含有的有机物加以破坏,使其变成简单的无机物,然后进行测定。这样可以排除有机物的干扰,提高检测精度。破坏有机物的方法有湿法消解和干法灰化。

### (1)湿法消解

湿法消解又称湿灰化法,它将环境样品与一种或两种以上的强酸共同加热浓缩至一定体积,使有机物分解成二氧化碳和水后被除去。为加快氧化速度,常加入双氧水、高锰酸钾、过硫酸钾、五氧化二钒等氧化剂和催化剂。常用的消解试剂体系有硝酸、硝酸—高氯酸、硝酸—硫酸、硫酸—磷酸、硫酸—过氧化氢、硫酸—高锰酸钾、硝酸—硫酸—五氧化二钒、硫硝混酸—高锰酸钾、硝酸—氢氟酸—高氯酸等。在测定水样中易挥发组分时,为防止酸消解体系造成的挥发损失,还可改用碱分解法,即在样品中加入氢氧化钠和过氧化氢或氨水和过氧化氢,加热煮沸至近干,用水或稀碱溶液温热溶解。

### (2)干法灰化

干法灰化又称燃烧法或高温分解法。根据样品种类和待测组分的要求,选用铂、石英、银、镍、铁、聚四氟乙烯或瓷质坩埚盛放样品,将其置于高温电炉中加热,控制温度 450~800℃,使其完全灰化,将残渣溶解于稀硝酸或盐酸中供分析使用。对于水样,应先将样品置于白瓷或石英蒸发皿中用水浴或红外灯蒸干,再移至高温电炉中加热;对于易挥发的元素(如汞、砷等),为避免高温灰化损失,可用氧瓶燃烧法(图 1.16)进行灰化。该法将样品包在无灰滤纸中,滤纸被固定在磨口塞的铂丝上,瓶中预先充入氧气和吸收液,将滤纸引燃后,速盖紧瓶塞,让其燃烧灰化,摇动瓶子让燃烧产物溶于吸收液中,溶液供分析用。

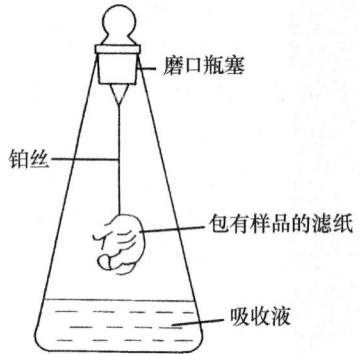

磨口瓶塞

铂丝

包有样品的滤纸

吸收液

**图 1.16 氧瓶燃烧法示意图**
**(刘德生,2001)**

### 2)提取

在分析环境样品时,有时需将被测组分从样品中提取出来,提取效率的高低直接关系到测定结果的准确度。

### (1)振荡提取法

该法适用于水样及各类固体样品中有机物的提取。将一定量样品置于适当容器中,加入适量溶剂,放置在振荡器上(或用手摇)振荡一定时间,取出溶剂后,用新溶剂再提取一次,合并提取液备用。

### (2)组织捣碎提取

该法一般用于从生物样品中提取有机污染物质。取定量切碎的动植物放入组织捣碎机中,加入适当提取液,快速捣碎,过滤,滤渣再重复提取一次,合并滤液备用。

(3)索氏提取法

索氏提取器(图 1.17)是提取有机物的有效仪器,它常用于提取生物、土壤、大气颗粒物中的有机氯农药、有机磷农药、石油类、苯并芘等。将制备好的环境样品放入滤纸筒中或用滤纸包紧置于回流提取器内。蒸发瓶中盛装有适当溶剂,连接好回流装置,水浴加热。此时,溶剂蒸发经支管流入冷凝器内,凝结的溶剂滴入提取器内,对样品进行浸泡提取。当提取器内液面超过虹吸管顶部时,含提取液的溶剂回流入蒸发瓶中,如此反复进行直到结束。因为样品总是与纯溶剂接触,所以提取效率高,且溶剂用量小,提取液中被提组分的浓度大,有利于下一步分析测定,但该方法较费时。

(4)直接球磨提取法

该法用己烷作提取剂,直接将样品在球磨机中粉碎和提取,可用于小麦、大麦、燕麦等粮食中有机氯、有机磷农药的提取。由于该法不用极性溶剂,可以避免以后费时的洗涤和液液萃取操作,是一种快速提取方法,回收率和重现性都较好。

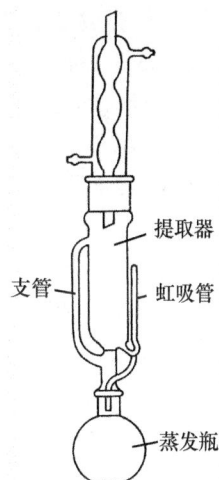

图 1.17 索氏提取器
(刘德生,2001)

(5)BCR 提取法

该法适用于底质、土壤样品中重金属元素的化学形态分析,它是 1993 年欧洲共同体标准物质局在综合已有的重金属元素形态提取方法的基础上提出的。将土壤或底质样品连续用醋酸、盐酸羟胺、双氧水振荡提取后,分别得到可交换态及碳酸盐结合态(酸溶态)、Fe/Mn 氧化物结合态(可还原态)、有机物及硫化物结合态(可氧化态)三种重金属元素的形态。该方法稳定性及重现性好,提取精度较高。

3)分离

在定量分析中,当试样组分比较简单时,可直接测定;或将它消解、灰化、提取后,便可测定。但在实际操作过程中,常遇到组成成分比较复杂的试样,在测定其中某一组分时,共存的其他组分往往产生干扰,因此测定前需将干扰成分分离出去或将被测组分分离出来。

(1)沉淀分离法

该法利用沉淀反应进行分离。在样品试液中加入适当无机或有机沉淀剂,使被测金属组分沉淀,或使产生干扰的金属组分沉淀除去,从而达到分离的目的。常见的沉淀有氢氧化物沉淀、硫化物沉淀、硫酸盐沉淀、磷酸盐沉淀、氟化物沉淀、草酸盐沉淀、铜铁试剂螯合物沉淀等。

(2)顶空法、汽提法、蒸馏法

这类方法适用于易挥发组分的分离。采用向水样或样品提取液中通入惰性气体或加热的方法,将被测组分吹出或蒸出,从而达到分离和富集的目的。顶空法的操作是将被测试样装入密闭容器中,容器上部留一定空间,再将容器置于恒温水浴中,试样中的挥发性组分就会向容器上方蒸发,产生蒸汽压,一定时间后,气液两相达到热力学动态平衡,取气相样品进行分析。汽提法的操作过程是把惰性气体通入调制好的试样中,将欲测组分吹出,直接送入仪器,或导入吸收液吸收富集后再测定。蒸馏法是利用试样中各组分具有不同沸点而使其彼此分离的方法,当加热试样时,沸点低的组分先富集在气相中,对气相进行冷凝或吸收,从而得到分离、富集。

（3）液液萃取法

该法根据物质在不同溶剂中分配系数的差异来实现分离。如农药与脂肪、色素、蜡质等一起被提取后，加入一种极性溶剂（如乙腈）振摇，由于农药的极性比脂肪、色素、蜡质大，故农药在乙腈中的分配系数大，可被乙腈萃取，经数次萃取后，农药几乎完全可以与脂肪等杂质分开，达到净化的目的。

（4）柱层析法

该法的原理是将水样、土壤或生物样的提取液通过装有吸附剂的层析柱，则提取物被吸附在吸附剂上，由于不同物质与吸附剂之间的吸附力不同，当用适当溶剂淋洗时，则吸附物质将按照一定的顺序被淋洗出来，吸附力小的组分先流出，吸附力大的组分后流出，从而使得各种组分得以分离。吸附剂可分为无机吸附剂和有机吸附剂：常用的无机吸附剂有氧化铝、活性炭、硅藻土等；有机吸附剂有纤维素、网状树脂等。

（5）磺化法和皂化法

磺化法是根据提取液中的脂肪、蜡质等干扰物质能与浓硫酸发生磺化反应，生成极性很强的磺酸基化合物，随硫酸层分离，从而达到与提取液中农药分离的目的。该法常用于有机氯农药的净化，对易被酸分解的或易与酸发生反应的有机磷、氨基甲酸酯类农药则不适用。皂化法是利用油脂等能与强碱发生皂化反应生成脂肪酸盐而将其分离的方法。比如在用石油醚提取粮食中的石油烃时，会将油脂一起提出来，若在提取液中加入氢氧化钾—乙醇溶液，油脂就会与之反应，生成脂肪酸钾盐进入水相，而石油烃则仍留在石油醚中，达到两者分离的目的。

（6）低温冷冻法

该法是利用不同物质在同一溶剂中的溶解度随温度不同而不同的原理进行分离的。例如，将生物样品的丙酮提取液置于－70℃的冰—丙酮冷阱中，脂肪和蜡质由于溶解度大大降低而析出，农药则仍留在丙酮中，经过过滤去除沉淀，从而获得了净化后的提取液。此法的最大优点是净化过程中不发生化学变化，且分离效果很好。

4）浓缩

经过消解、灰化或提取、分离后所得的样品，虽然是较纯净的待测溶液，但有时由于含量低，达不到仪器分析的检测限要求，需要进行浓缩后方可测定。

（1）蒸发法

蒸发法是指在电热板或水浴中加热试样，使水分或溶剂慢慢蒸发，达到缩小试样体积、浓缩预测组分的目的。虽然该法操作缓慢，易吸附损失，但无更合适的富集方法时仍可采用。用这种方法可使水样中的铬、锂、钴、铜、锰、铅、铁、钡等重金属浓缩30倍。

（2）K-D浓缩器浓缩法

K-D浓缩器是一种高效浓缩仪器。为防止待测物损失或分解，加热K-D浓缩器的水浴温度一般控制在50℃以下，最高不超过80℃。特别注意不要把提取液蒸干。若需进一步浓缩，需要用微温蒸发。如改用微型Snyder柱再浓缩，可将提取液浓缩至0.1～0.2mL。

3. 生态环境污染监测常用的分析技术

生态环境污染常用的分析技术有化学分析法、仪器分析法、生物监测技术等（图1.18）。

- 分析技术
  - 化学分析法
    - 重量分析法
    - 滴定分析法
      - 酸碱滴定法
      - 络合滴定法
      - 沉淀滴定法
      - 氧化还原滴定法
  - 仪器分析法
    - 光学分析法
      - 原子光谱法
        - 原子发射光谱法
        - 原子吸收光谱法
        - 原子荧光光谱法
      - 分子光谱法
        - 红外吸收光谱法
        - 紫外、可见光吸收光谱法
        - 分子荧光光谱法
    - 电化学分析法
      - 电导分析法
      - 电位分析法（含离子选择性电极法）
      - 库伦分析法
      - 伏安与极谱分析法
    - 色谱分析法
      - 柱色谱法
        - 气相色谱分析法
        - 液相色谱分析法
      - 纸色谱、薄层色谱法
      - 离子色谱法
    - 质谱分析法
    - 放射化学分析法
    - 专项监测仪器分析法
  - 生物监测技术
  - 自动监测系统和遥感技术、遥测技术

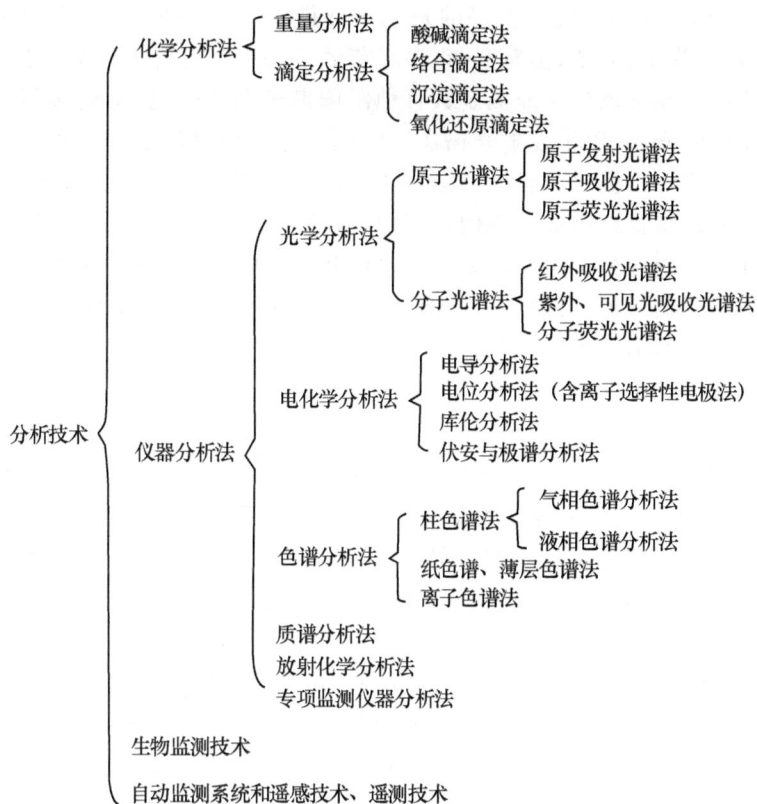

**图 1.18　生态环境污染监测常用的分析技术**

1)化学分析法

化学分析法是基于化学反应的分析方法，有滴定分析和重量分析两种。

滴定分析是将含有被测组分的液体样品盛装于锥形瓶中，加入适当的指示剂，然后边摇锥形瓶边从滴定管中将滴定剂逐滴加入到锥形瓶中，当滴定剂与被测组分定量反应完全，指示剂恰好发生颜色改变时，停止滴定。根据滴定剂的浓度和消耗的体积以及锥形瓶中发生的化学反应，计算出被测组分的含量。这种分析方法所需仪器设备简单，易于掌握和操作，所得结果的精密度和准确度也较高。由于滴定方式多种多样，因此它是环境分析监测中最常用、最基本的方法。该方法可用于水中氨氮、COD、BOD、DO、$S^{2-}$、$Cr^{6+}$、$CN^{-}$、$Cl^{-}$、酚、废气中的铅等指标的测定。

重量分析是待测物质以沉淀的形式存在，经过过滤、烘干、称重后得到待测物的含量。它主要用于空气与水中的悬浮物或残渣等的测定。重量分析准确度较高，但操作繁琐、费时。

2)仪器分析法

仪器分析法是以测量物质的某些物理或物理化学性质的参数来确定其化学组成、含量或结构的分析方法，该类分析方法一般需要各种类型的精密仪器。

仪器分析在生态环境监测中应用非常广泛，能测定空气、水、土壤及各种生物样品中各种无机、有机污染物。现代社会仪器分析的发展日新月异，各种新方法、新仪器的出现使生态环境监测分析也更趋快速、灵敏、准确。

在众多仪器分析方法中,使用较多的是光学分析法、电化学分析法和色谱分析法。其中,气相色谱法已成为苯、甲苯、多氯联苯、多环芳烃、酚类、有机磷与有机氯农药等有机污染物的重要分析方法。离子色谱法能测定数百种阴阳离子和化合物,适合多组分与多元素的同时分析。原子吸收光谱、原子发射光谱法已经成为分析环境样品中各种金属元素的最重要的手段。利用选择性电极可以测定土壤等样品中 pH 值、$K^+$、$Na^+$、$NH_4^+$、$Cu^{2+}$ 等项目。微型电极还可插入动植物组织或细胞内,在生命活动不受显著干扰的情况下进行活体分析,适宜野外原位研究。电导分析法常用来测定水体和土壤中可溶性盐分总量和电导率等。

除了上述各类仪器分析方法外,还有各种专项分析仪器,如 DO 测定仪、BOD 测定仪、COD 测定仪、TOC 测定仪、浊度计等。

3) 生物监测技术

生物监测是根据生物的个体、种群和群落等各层次的生物特征反应及其变化评价环境的污染状况,从生物学角度为环境质量的监测和评价提供依据。根据生物所处的环境介质的不同,生物监测可分为大气污染生物监测、水体污染生物监测、土壤污染生物监测。从生物分类角度分,则包括动物监测、植物监测、微生物监测。从生物学层次划分,主要包括生态监测(群落生态或个体生态),生物测试(急性、亚急性、慢性毒性测定),以及分子、生理、生化指标和污染物在体内的行为、残留情况监测等。生物监测能综合反映环境质量状况,监测污染效应的发展动态,反映环境质量对各生物学层次的影响,还可以作为早期污染的报警器。但由于生物监测很难准确判断污染物的具体成分及浓度,需要和物理、化学、仪器分析知识相互结合、互为补充,共同进行综合评价,才能取得完整而可靠的评价结果。

# 1.2　数据处理及实验结果分析

随着生态学向宏观、微观方向的深入发展,实验数据分析需要用到的数学、统计学、信息学知识也日益增多。生物统计学是运用数理统计的原理和方法,分析和解释生物界各种现象和规律的一门学科。由于生态学研究中所观测的样品都是实际生物种群或群落中的一部分,要想通过这些观测数据作出预测和推论,必须使用统计学方法。实验设计与数据统计分析是现代生物学的基石,是生物学研究人员检验假说、寻找模式、建立生物学理论的有利工具,是探索微观生物世界和宏观生物世界的必备基础知识。可以说,在现代要完成任何一项生物学研究,都需要坚实的统计学知识。生物统计学方法使生态学工作者能够通过分析观测随机抽取的部分样品数据,来描述或概括生物种群或群落的一些特性,从而得出结论,并有目的地分析评估一些数据之间的异同和关联性(如通过分析一些数据,判定 2 个种群之间的关系或两个群落的相似性)。

## 1.2.1　生态学实验数据处理的统计学基础

### 1. 数据整理

生态学研究中,通过观察、测定和记载,可以得到大量的实验数据。对于取得的原始数据,首先进行分类,区分数据值变量、类别变量等,然后把这些数据按数值大小进行分组,制成次数分布表,就可以看到资料的集中和变异的情况,从而对资料有初步的认识。对于所获得的数据,也可以用次数分布图来表示,它可以更形象地表明次数分布的情况。较常见的图示形式有柱形图、拆线图、条形图等。

如果数据分布图大致呈两边对称的钟形,说明数据符合正态分布(normal distribution)规律。正态分布是连续性变数的理论分布,在理论和实践上都具有非常重要的意义,因为大部分统计运算都是以假定数据呈正态分布为前提的。如要比较两组数据平均数的大小,必须首先确认两组数据都呈正态分布,而且偏差相等。许多生物学数据,如生理生态学研究中用的较多的生理指标(体长、体重、高度、心率等)都呈正态分布,但是,生态学野外研究中取得的许多数据(如个体的空间分布、行为学记录数据等)往往不符合正态分布规律。因此,在进行数据的统计分析前,首先要判断其是否符合正态分布规律。可用 SPSS 软件中的 kolmogorov-smirnov test 来检验。如果数据不符合正态分布规律,可根据数据特性先将其进行简单的转换,如对测量分布密度的计数数据做对数、方根转换,对比率数据做角度(反正弦等)转换,再看其是否符合正态分布规律。如果仍不符合正态分布规律,则不能用通常的参数检验方法,而要用非参数检验法(nonparametric testing)进行统计分析。

### 2. 统计描述

生物学家们常常希望通过所有可能搜集到的有价值的观测资料推断(得出)一个关于总体的结论。那么,从总体中得到的观测对象称为样本(sample),观测样本的数量称为样本容量(常用字母 $n$ 表示)。样品的测量特征称为统计数据(如样本平均数),相应的总体特征则称为参数(如总体平均数)。生态学上,由于我们无法取得整个种群或者群落的所有数据,只能根据所抽取到的样本数据对整体数据进行统计学估测,这样的估测结果称为描述统计(descriptive statistics)。

#### 1)平均数

平均数是数据的代表值,它表示资料中观察值的中心位置,是表示数据集中趋势的最常用指标,并且可作为资料的代表而与另一组同类资料相比较,借以明确两者间相关的情况。例如,可以通过求平均数来得到种群的平均密度、某个种群个体的平均质量、树木的平均高度等。通过 2 组数据平均数的比较,还能判断两组之间特性参数的相对大小。如分别在 2 块样地计算种群密度,通过平均数的比较,可得知这块地上的种群密度比另一块地高还是低。只要采样是随机采样,抽取的样本数量足够多,得到的平均数就可很好地估计种群中该参数的平均值。

平均数的种类较多,其中主要有算术平均数、中数、众数与几何平均数等。在生物统计学中,表示数据集中趋势的指标有多个,使用最多的是算术平均数,简称为平均数,通常用符号 $\bar{x}$ 表示。如果一个含有 $n$ 个观察值的样本,其各个观察值为 $x_1, x_2, x_3, \cdots, x_n$,则他们的平均数为

$$\bar{x} = \sum_{i=1}^{n} x_i / n$$

#### 2)变异度

每个样本有一批观察值,以平均数作为样本的代表值,但其代表性的强弱受样本内各个观察值的变异程度影响。如算术平均数只告诉我们一组数据的平均大小,却无法反映该组数据偏离平均数的程度。因而,为了更全面地描述样本,只有平均数是不够的,还必须度量

其变异度。表示变异度的方法虽然较多,但最常用的为方差、标准差和变异系数。

(1)方差

为了正确反映数据的变异度,较为合理的方法是根据样本全部观察值来度量资料的变异度。这时要选定一个数值作为共同比较的标准。平均数为样本的代表值,则以平均数作为比较的标准最为合理。含有 $n$ 个观察值的样本,其各个观察值为 $x_1,x_2,x_3,\cdots,x_n$,如每个观察值皆与 $\overline{x}$ 相减,即得到各个离均差。然后将各个离均差平方,再相加,得出离均差平方和。最后用 $n-1$ 除离均差平方和(按照统计学原理,不要用样本含量 $n$ 去除),所得的商称为样本方差,用符号 $s^2$ 表示,其计算公式为

$$s^2 = \frac{\sum_{i=1}^{n}(x_i-\overline{x})^2}{n-1}$$

(2)标准差

方差 $s^2$ 是离均差平方的平均数。虽然方差在实际应用中最为广泛,但因它的单位是原始数据单位的平方,所以它不能直接地指出某个数 $x$ 与平均数之间的偏离究竟达到什么程度。为此,采用标准差 $s$ 做标准,衡量 $x$ 与平均数之间的离散程度。标准差是方差的正根值,用以表示资料的变异度,其单位与观察值的度量单位相同,其计算公式为

$$s = \sqrt{\frac{\sum_{i=1}^{n}(x_i-\overline{x})^2}{n-1}}$$

(3)标准误差

尽管我们可以通过计算样本平均数来估算某个观测变量的平均值,我们可能想了解这样取样后样本平均值的精确性好不好,可以理解为从一个种群中多次抽样后根据多组样本计算的样本平均数的变异有多大。这些样本平均数的变异可用标准误差 SE(standard error)来表示。标准误差也称为平均值的标准差 $s_{\overline{x}}$(standard deviation of the mean)。

标准误差可显示样本平均数的变异,是有限的“误差”,因为它表示的是用样本平均数估计总体平均数时产生的误差。如果标准误差很大,则意味着重复抽样的样本平均数可能很不相同,而且任一单个样本的平均数就不可能接近真实的总体平均数,此时对于每个具体样本平均数能否较好估计总体平均数是没有把握的。如果标准误差很小,则意味着重复抽样的样本平均数相似,而且任一单个样本平均数很可能接近真实的总体平均数,因此,可以相信每个具体样本的平均数能够较好反映出总体平均数。

$$SE = \frac{s}{\sqrt{n}}$$

(4)变异系数

标准差和观察值的单位相同,可以表示一个样本的变异度。若比较两个样本的变异度,则因单位不同或均数不同,不能用标准差进行直接比较。而变异系数 CV 则可以消除单位和(或)平均数不同对两个或多个样本变异程度比较的影响。其计算公式为

$$CV = \frac{s}{\overline{x}} \times 100\%$$

由于 CV 是一个不带单位的纯数,表示单位量的变异,故可用以比较。但是在采用变异

系时,应该认识到它是由标准差和平均数构成的比数,既受标准差的影响,又受平均数的影响。因此,在采用变异系数以表示样本的变异程度时,宜同时列举平均数和标准差,否则可能会引起误解。

3)数据的表示

生态学研究往往是用样本的信息来推断总体的特征,由于抽样误差,样本的平均数并不恰好等于总体平均数,这样由于抽样导致的样本平均数与总体平均数之差称为均数的抽样误差。同时,由于取样的数量不同,所得样本的均数也不一定相等。样本平均数是否能够反映总体平均数,取决于研究工作对正确性的要求。这个正确性的水平就是检验水平 $\alpha$。$\alpha=0.05$ 表示用一样本平均数 $M$ 估计未知总体平均数,理论上有 $95\%(1-\alpha)$ 的正确水平。这时均数的可信区间为

$$\left(\overline{x}-t_{a,v}\frac{s}{\sqrt{n}},\ \overline{x}+t_{a,v}\frac{s}{\sqrt{n}}\right)$$

式中,$\overline{x}$ 为样本平均数;$n$ 为样本数量;$v$ 为自由度($v=n-1$);$t_{a,v}$ 为在检验水平为 $\alpha$、自由度为 $v$ 时查 $t$ 值表时得到的 $t$ 值;$s$ 为样本标准差。

3. 平均数比较

生态学研究中,在正态或近似正态分布的数据资料中,经常在描述统计过程分析后,还要进行组与组之间平均水平的比较。常需要通过比较不同实验组数据之间的相似性或差异来得出结论,即常用的 t 检验和单因素方差分析。如通过比较生长在不同土壤中的同一种庄稼的产量,得出某一种土壤比另一种更适合庄稼生长的结论。两个实验组之间平均数的比较常用 t 检验(t-testing);多个实验组之间平均数的比较则常先用单因素方差分析(one way ANOVA)进行 F 检验,如果整体有差异,再通过 Duncan 法等进行实验组两两之间的多重比较。

1)t 检验

t 检验法是指在小样本($n<30$)的情况下,检验随机变量的数学期望是否等于某一已知值的假设的一种检验方法。设 $x_1,x_2,x_3,\cdots,x_n$ 是正态随机变量 $x$ 的一个样本,期望 $M_x$ 等于已知值 $m_0$,服从自由度 $n-1$ 的 t 分布。预先给定信度 $\alpha$,查 t 分布表,得 $t_a$,与计算的 t 值比较,若 $|t|<t_a$,则接受原假设;若 $|t|\geqslant t_a$,则拒绝原假设,两个正态随机变量均为小样本时,t 检验法可用来检验它们的数学期望是否有显著差异。

当样本含量 $n<30$ 且总体方差 $\sigma^2$ 未知时,要检验样本平均数 $\overline{x}$ 与指定的总体平均数 $\mu_0$ 之间的差异显著性,或检验两个样本平均数 $\overline{x}_1$ 和 $\overline{x}_2$ 所属总体平均数 $\mu_1$ 和 $\mu_2$ 是否相等,就必须使用 t 检验。生态学上常用的是样本平均数与总体平均数比较的 t 检验和成组设计两样本平均数比较的 t 检验。由于实验条件和研究对象限制,许多生物学研究很难达到样本含量 $n>30$,特别是研究总体的方差 $s^2$ 在绝大多数情况下是未知的,因此,t 检验在生物学研究中具有重要的应用意义。

(1)样本平均数与总体平均数比较的 t 检验

这是检验某一样本平均数是否和某一指定的总体平均数相同。这种检验主要是推断样本平均数 $\overline{x}$ 所代表的未知总体平均数 $\mu$ 与已知的总体未知均数 $\mu_0$ 是否相等。

例如,某春小麦良种的千粒重 $\mu_0=34g$,现自外地引入一高产品种,在 8 个小区种植,得其千粒重的平均值为 35.2g,标准误差为 0.58g,问新引入品种的千粒重与当地良种有无显

著差异？新引入品种抽样平均数与总体平均数不等既可能是由抽样误差引起,也有可能是由其他因素所致。为此,用 t 检验进行判断。首先,假设样本平均数等于总体平均数为 $H_0$($\mu=\mu_0=34g$),不等为 $H_1$($\mu\neq34g$),检验水准为单侧 $\alpha=0.05$。然后通过计算 $t$ 值来检验两个平均数差异是否显著。$t$ 值为样本平均数与总体平均数差值的绝对值除以标准误差。最后以自由度 $f=n-1$ 查 $t$ 值表(该例中为单尾 t 检验)。如果结果为 $P>0.05$,则接受 $H_0$;反之则接受 $H_1$。通常在研究中认为 $P>0.05$ 为没有差异,$0.01<P<0.05$ 为差异显著,$P<0.01$ 为差异极显著。

(2)两样本平均数的比较

原理同上,主要是计算出 $t$ 值,确定好自由度 $v$,然后查阅 $t$ 表,查阅可信度区间。通过比较实际的置信度区间和要求的置信度区间的差异,判定样本平均数有无差异性。两样本平均数比较的 t 检验,是根据两个样本平均数的相差以测验这两个样本所属总体平均数有无显著差异。

其假设一般为:$H_0$($\mu_1=\mu_2$)即表示两样本所属总体平均数相等;$H_0$($\mu_1>\mu_2$ 或 $\mu_1<\mu_2$)即表示两样本所属总体平均数不相等,检验水准为 $\alpha=0.05$(双尾 t 检验)。$t$ 统计量在两组样本总体方差相等的情况下,计算时用两样本平均数差值的绝对值除以两样本平均数差值的标准误差。计算公式为

$$s_e^2=\frac{ss_1+ss_2}{v_1+v_2}$$

$$s_{\overline{x}_1-\overline{x}_2}=\sqrt{\frac{s_e^2}{n_1}+\frac{s_e^2}{n_2}}$$

$$t=\frac{|\overline{x}_1-\overline{x}_2|}{s_{\overline{x}_1-\overline{x}_2}}$$

式中,$ss_1$、$ss_2$ 分别为两组样本离均差的平方和;$v_1$、$v_2$ 分别为两组统计样本的自由度;$s_e^2$ 为两样本均方的加权平均值。

注意,两组小样本平均数比较的 t 检验的应用条件为:两样本所属的总体均符合正态分布;两样本所属的总体方差齐。故在进行两小样本平均数比较的 t 检验之前,要用方差齐性检验来推断两样本代表的总体方差是否相等,方差齐性检验使用 F 检验,其原理是看较大样本方差与较小样本方差的商是否接近 1,若接近 1,则可认为两样本代表的总体方差齐。判断两样本所属的总体是否符合正态分布,可用正态性检验的方法。

2)方差分析

(1)方差分析的概念

方差分析(analysis of variance,ANOVA)又称"变异数分析"或"F 检验",是 R. A. Fisher 发明的,用于两个及两个以上样本平均数差别的显著性检验。

(2)方差分析的基本思想

方差分析就是通过分析研究中不同来源的变异对总变异的贡献大小,从而确定可控因素对研究结果影响力的大小。由受各种因素的影响,研究所得的数据呈现波动状,造成波动的原因可分成两类:一是不可控的随机因素;二是研究中施加的对结果形成影响的可控因素。一个复杂的事物,其中往往有许多因素互相制约又互相依存。方差分析首先是在可比较的数组中,将全部观测值之间的总变异分解为由于随机误差等原因造成的组内变异和由

于受外部因素的影响而造成的组间变异。然后通过计算 $F$ 值来进行检验。其检验假设为：$H_0$ 表示多个样本总体平均数相等；$H_1$ 表示多个样本总体平均数不相等或不全等。检验水准为 0.05。方差分析处理的目的就是检验处理效应的大小或有无。通过方差分析,确定各种原因在总变异中所占的重要程度,即用处理效应和实验误差在一定意义下进行比较。若两者相关不大,则可认为实验处理对指标影响不大;若两者相差较大,则可说明实验处理的影响是很大的,不可忽视。

方差分析的应用条件类似于 t 检验,主要体现在以下三个方面。①可比性:各实验组平均数本身具有可比性。②正态性:各实验组数据符合正态分布。对非正态分布的数据,应考虑用对数变换、平方根变换、倒数变换、平方根反正弦变换等变量转换方法使其分布呈正态或接近正态,再进行方差分析。③方差齐性:组间方差要整齐,先要进行多个方差的齐性检验(如 Bartlett 法)。

经过方差分析,若拒绝了检验假设,只能说明多个样本总体平均数不相等或不全相等。若要得到各组平均数间更详细的信息,应在方差分析的基础上进行多个样本平均数的两两比较。两两比较的方法很多,最常用的有新复极差法(如 Duncan 法)和最小显著差法(如 LSD 法)等。

下面我们用一个简单的例子来说明方差分析的基本思想。

某克山病病区测得 11 例克山病患者和 13 名健康人的血磷值($mmol \cdot L^{-1}$)如下所示。问该地克山病患者与健康人的血磷值是否不同?

患者: 0.84、1.05、1.20、1.20、1.39、1.53、1.67、1.80、1.87、2.07、2.11

健康人:0.54、0.64、0.64、0.75、0.76、0.81、1.16、1.20、1.34、1.35、1.48 、1.56、1.87

从以上资料可以看出,24 个人的血磷值各不相同,如果用离均差平方和($ss$)描述其围绕总体平均数的变异情况,则总变异有以下两个来源:

①组内变异,即由于随机误差的原因,使得各组内部的血磷值各不相等。

②组间变异,即由于克山病的影响,使得患者组与健康人组的血磷值平均数大小不等。

由于 $ss_{总}＝ss_{组间}＋ss_{组内}$,$v_{总}＝v_{组间}＋v_{组内}$,如果用均方代替离均差平方和以消除各组样本数不同的影响,则方差分析就是用组内均方去除组间均方的商(即 $F$ 值)与 1 相比较。若 $F$ 值接近 1,则说明各组平均数间的差异没有统计学意义;若 $F$ 值远大于 1,则说明各组平均数间的差异有统计学意义。实际应用中检验假设成立条件下 $F$ 值大于特定值的概率可通过查阅 $F$ 界值表(方差分析用)获得。

(3)方差分析的分类

根据对观测变量产生影响的控制变量的多少,可以将方差分析分为单因素方差分析和多因素方差分析。详细方法及原理可参照《生物统计分析》(Zar,1984)或《生态学实践方法》(Henderson,2003)。

3)非参数检验

许多统计分析方法对总体有特殊的要求,如 t 检验要求总体符合正态分布,F 检验要求误差呈正态分布且各组方差整齐。这些方法常用来估计或检验总体参数,统称为参数检验。但许多调查或实验所得的科研数据的总体分布未知或无法确定,这时做统计分析常常不是针对总体参数,而是针对总体的某些一般性假设(如总体分布),这类方法称非参数检验(nonparametric test)。由于非参数检验在推断过程中不涉及有关总体分布的参数,因而得名为"非参数"检验。最常见的用于两组实验数据比较的非参数检验法是 Mann-Whitney 检验(或称为 Wilcoxon-Mann-Whitney 检验)。如果要比较的是非正态分布的多个实验组,用 Mann-Whitney 检验就不准确了,应该做非参数相似性比较(Kruskal-Wallis test),再进行非参数多重比较。

4. 回归和相关

回归和相关(regression and correlation)是用来分析两组或两组以上实验数据之间相关关系的两种常用的统计学方法。

1)相关分析

(1)相关分析的概念

相关分析(correlation analysis)是研究现象之间是否存在某种依存关系,并对具体有依存关系的现象探讨其相关方向以及相关程度,是研究随机变量之间相关关系的一种统计方法。相关分析仅限于测定两个或两个以上变量具有相关关系者,其主要目的是计算出两个或两个以上变量间的相关程度和性质。

生态学研究中经常会遇到两个不同变量密切关联的情况,一个变量发生变化,另一个也会相应地发生变化,如树木的年龄与树干的直径、鱼的体长与体重、摄食量与增重等。变量间的关系有两类。一类是变量间存在着完全确定的关系,可以用精确的数学表达式来表示。如正方形的面积 $S$ 与边长 $a$ 的关系可以表达为:$S=a^2$。它们之间关系明确,只要知道了其中一个变量的值,就可以精确地计算出另一个变量的值。这类关系称为函数关系。另一类是变量间不存在完全确定的关系,不能由一个或几个变量的值精确地求出另一个变量的值,但变量之间又密切关联,这类关系称为相关关系,存在相关关系的变量称为相关变量。

(2)相关程度的度量方法

下面将介绍判断两个变量间的线性相关关系的方法。判断变量间的线性相关关系是通过相关程度和相关方向来表达的。

① 相关程度是研究变量间相互关系的密切程度。

② 相关方向又分为正相关和负相关两种。正相关表示两个变量间呈现同方向变化的相关,$y$ 随 $x$ 的增大而增大,减少而减少。负相关表示两个变量间呈现反方向变化的相关,$y$ 随 $x$ 的增大而减少,减少而增大。

定量表达线性相关程度和方向的指标为相关系数。常用相关系数的计算公式如下:

$$r=\frac{\sum(x_i-\overline{x})(y_i-\overline{y})}{\sqrt{\sum(x_i-\overline{x})^2\sum(y_i-\overline{y})^2}}$$

利用上式计算出的相关系数具有以下性质:

a. $-1\leqslant r\leqslant 1$。

b. 相关系数为正数,表示两个变量之间为正相关;相关系数为负值时,表示两个变量间为负相关。

c. 相关系数的绝对值越大,表示两个变量间的相关程度越密切。当相关系数为 1 时,为完全正相关;相关系数为 $-1$ 时,为完全负相关;相关系数为 0 时,则完全无关。

(3)相关分析的分类

①线性相关分析:研究两个变量间线性关系的程度。用相关系数 $r$ 来描述。

a. 正相关：如果 $x$、$y$ 变化的方向一致，如身高与体重的关系，$r>0$。

b. 负相关：如果 $x$、$y$ 变化的方向相反，如吸烟与肺功能的关系，$r<0$。

c. 无线性相关：$r=0$。

如果变量 $y$ 与 $x$ 是函数关系，则 $r=1$ 或 $r=-1$；如果变量 $y$ 与 $x$ 是统计关系，则 $-1<r<1$。

$r$ 的计算方法有三种：

Pearson 相关系数：对定距连续变量的数据进行计算。

Spearman 和 Kendall 相关系数：分类变量的数据或变量值的分布明显呈非正态或分布不明时，计算时先对离散数据进行排序或对定距变量值排（求）秩。

②偏相关分析：研究两个变量之间的线性相关关系时，控制可能对其产生影响的变量。如控制年龄和工作经验的影响，估计工资收入与受教育水平之间的相关关系。

③ 距离分析：是对观测量之间或变量之间相似或不相似程度的一种测度，是一种广义的距离。它分为观测量之间距离分析和变量之间距离分析。

2）回归分析

相关变量间的关系一般分两种：因果关系和平行关系。前者指一个变量的变化受另一个或另几个变量的影响，如鱼的生长速度受温度、水质、遗传特性、营养水平等因素的影响；后者的变量之间互为因果或共同受到其他因素的影响，如鱼类体长和体重、生长和繁殖之间的关系。统计学上采用回归分析（regression analysis）研究呈因果关系的相关变量间的关系。

回归分析是处理变量之间具有相关关系的一种数理统计方法。表示原因的变量称为自变量，表示结果的变量称为因变量。回归分析的任务是揭示呈因果关系的相关变量间的联系，建立它们之间的回归方程，利用所建立的回归方程，用自变量（原因）来预测、控制因变量（结果）。

回归分析的主要内容可概括如下：

①从一组空间数据出发，确定这些变量间的定量数学表达式，即回归方程。

②根据一个或几个变量的值来预测或控制另一个变量的取值。

③从影响某一现象的许多变量中，找出哪些变量是主要的，哪些变量是次要的，这些变量之间又有什么关系。

根据变量的多少，可以把回归分析分为一元回归分析和多元回归分析。一元回归分析是研究"一因一果"，即一个自变量与一个因变量的回归分析。多元回归分析研究"多因一果"，即多个自变量与一个因变量的回归分析，又分为多元线性回归分析与多元非线性回归分析两种。下面将对一元线性回归模型作较为详细的介绍，并对多元线性回归模型、逐步回归模型和基于动态数据处理的自回归模型作简单的介绍。

（1）一元线性回归模型

假定有两个相关变量 $x$ 和 $y$，通过实验或调查获得两个变量的 $n$ 对观测值：$(x_1,y_1)$，$(x_2,y_2)$，…，$(x_n,y_n)$。为了直观地看出 $x$ 和 $y$ 间的变化趋势，将每一对观测值在平面直角坐标系描点，作出散点图（图 1.19），在此基础上根据最小二乘法得出直线回归方程（straight line regression equation）。

从散点图可以看出：①两个变量间是有关或无关，若有关，两个变量间的关系类型是直

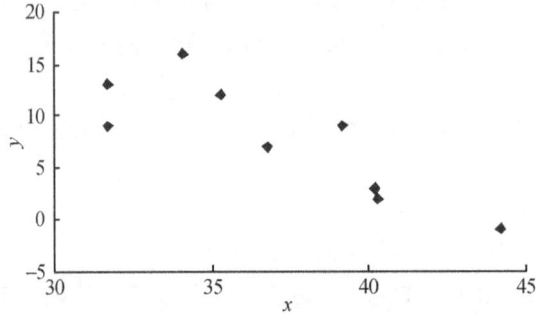

**图 1.19　变量 $x$ 与 $y$ 相关关系散点图**

线型还是曲线型。②两个变量间直线关系的性质(是正相关还是负相关)和程度(是相关密切还是不密切)。因此,散点图直观、定性地表示了两个变量之间的关系。

为了探讨变量之间关系的规律性,还必须根据观测值将变量间的内在关系定量地表达出来。图 1.19 中两个相关变量 $y$(因变量)和 $x$(自变量)的关系是直线关系,这种关系用方程表示为

$$y = a + bx$$

式中,$x$ 为可以观测的一般变量(也可以是可以观测的随机变量);$y$ 为可以观测的随机变量;$b$ 为直线斜率(slope),表示如 $x$ 变化 1 个单位,$y$ 的变化量($b > 0$,$x$ 与 $y$ 正相关;$b < 0$,$x$ 与 $y$ 负相关);$a$ 为截距($y$-intercept),表示 $x$ 为 0 时 $y$ 的数值。

这就是直线回归数学模型。我们可以根据实际观测值估计 $a$、$b$ 的值,根据最小二乘法求出与实际观测值拟合最好的回归直线,也就是在 $xOy$ 直角坐标平面上所有直线中最接近散点图中全部散点的直线,这时有

$$a = \overline{y} - b\,\overline{x}$$

$$b = \frac{\sum_{i=1}^{n}(x_i - \overline{x})(y_i - \overline{y})}{\sum_{i=1}^{n}(x_i - \overline{x})^2} = \frac{sp}{ss_x}$$

(2)多元线性回归模型

一般情况下,生态学研究对象具有多要素性,而且各要素之间相互联系、相互影响和相互制约。此时,就需要利用多元回归模型对空间对象进行研究。同样,多元回归模型也有线性和非线性之分。多元线性回归模型的公式如下所示:

$$y_a = \beta_0 + \beta_1 x_{a1} + \beta_2 x_{a2} + \cdots + \beta_n x_{an} + \varepsilon_a$$

(3)逐步回归模型

逐步回归方程的实质是根据变量的重要性,利用相关检验方法,把不显著的变量删除,只选取那些重要变量进入回归方程。逐步回归模型的表达式与多元线性回归模型相同,只是最终的表达结果不一样。

3)相关分析与回归分析的关系

实际上,回归分析和相关分析都是研究和处理变量之间的相互关系的数理统计方法,它们之间既有联系又有区别。在研究对象和内容上两者是相同的,但相关分析主要是研究要素之间的密切程度,并没有严格的自变量和因变量之分。例如,以 $x$、$y$ 分别记小学生的数

学与语文成绩,相关分析感兴趣的是两者的关系如何,而不是由 $x$ 去预测 $y$。而回归分析则主要是研究变量之间的数学表达形式,因而有自变量和因变量之分,可以通过自变量的值来预测因变量的取值。从这里可以看出,回归分析有预测的性质。

## 1.2.2　生态学数据处理相关软件的介绍与使用

上述统计学方法的具体运算基本都可使用相应的计算机软件。在生态学研究中,使用较多的数据处理软件主要有 SAS、SPSS 和 Stata 等统计分析软件。每个软件都有自己独特的风格,也有自己的优缺点。下面将对这些软件作简单的介绍。

### 1. SAS

SAS 是美国 SAS(赛仕)软件研究所研制的一套大型集成应用软件系统,具有比较完备的数据存取、数据管理、数据分析和数据展现的系列功能。尤其是它的统计分析系统部分,由于具有强大的数据分析能力,在数据处理方法和统计分析领域被誉为国际上的标准软件和最具权威的优秀统计软件包。

SAS 系统是一个组合的软件系统,它由多个功能模块配合而成,其基本部分是 BASE SAS 模块。BASE SAS 模块是 SAS 系统的核心,承担着主要的数据管理任务,并管理用户使用环境,处理用户语言,调用其他 SAS 模块和产品。也就是说,SAS 系统的运行,首先必须启动 BASE SAS 模块,它除了本身所具有数据管理、程序设计及描述统计计算功能以外,还是 SAS 系统的中央调度室。它除了可单独存在外,也可与其他产品或模块共同构成一个完整的系统。各模块的安装及更新都可通过其安装程序比较方便地进行。

SAS 系统具有比较灵活的功能扩展接口和强大的功能模块。在数据管理方面,SAS 是非常强大的,能让使用者任何可能的方式来处理数据。它包含 SQL(结构化查询语言)过程,可以在 SAS 数据集中使用 SQL 查询。但是要学习并掌握 SAS 软件的数据管理需要很长的时间,在 Stata 或 SPSS 中,完成许多复杂数据管理工作所使用的命令要简单的多。然而,SAS 可以同时处理多个数据文件,使这项工作变得容易。它可以处理的变量能够达到 32768 个,以及你的硬盘空间所允许的最大数量的记录条数。

在统计分析方面,SAS 能够进行大多数统计分析(回归分析、logistic 回归、生存分析、方差分析、因子分析、多变量分析),每个过程均含有极丰富的任选项。用户还可以通过对数据集的一连串加工,实现更为复杂的统计分析。此外,SAS 还提供了各类概率分析函数、分位数函数、样本统计函数和随机数生成函数,使用户能方便地实现特殊统计要求。SAS 的最优之处可能在于它的方差分析、混合模型分析和多变量分析功能,而它的劣势主要是有序和多元 logistic 回归(因为这些命令很难),以及稳健方法(它难以完成稳健回归和其他稳健方法)。尽管它支持调查数据的分析,但与 Stata 比较仍然是相当有限的。

另外,在所有的统计软件中,SAS 有最强大的绘图工具,由 SAS/Graph 模块提供。然而,SAS/Graph 模块的学习也是非常专业而复杂,图形的制作主要使用程序语言。SAS 8 虽然可以通过点击鼠标来交互式地绘图,但不像 SPSS 那样简单。

SAS 由于功能强大而且可以编程,很受高级用户的欢迎。然而,由于 SAS 系统是从大型机上的系统发展而来,其操作至今仍以编程为主,人机对话界面不太友好,是最难掌握的软件之一。使用 SAS 时,你需要编写 SAS 程序来处理数据,进行分析。系统地学习和掌握

SAS,需要花费一定的精力。SAS 软件已成为专业研究人员进行统计分析的标准软件。

## 2. SPSS

SPSS 原名社会科学统计软件包(statistical package for social science),现已改名为统计解决方案服务软件(statistical product and service solutions)。它是世界著名的统计分析软件之一。20 世纪 60 年代末,美国斯坦福大学的三位研究生研制开发了最早的 SPSS,同时成立了 SPSS 公司,于 1975 年在芝加哥组建了 SPSS 总部。20 世纪 80 年代以前,SPSS 统计软件主要应用于企事业单位。1984 年,SPSS 总部首先推出了世界第一套统计分析软件微机版本 SPSS/PC+,开创了 SPSS 微机系列产品的先河,从而确立了 SPSS 在个人用户市场第一的地位。

SPSS for Windows 是一个组合式软件包,它集数据整理、分析功能于一身。SPSS 非常容易使用,故最为初学者所接受。它有一个可以点击的交互界面,能够使用下拉菜单来选择所需要执行的命令,可通过拷贝和粘贴的方法来学习其"句法"语言,但是这些句法通常非常复杂而且不是很直观。SPSS 的基本功能包括数据管理、统计分析、图表分析、输出管理等。

在数据管理方面,SPSS 有一个类似于 Excel 界面的数据编辑器,可以用来输入和定义数据(缺失值、数值标签等),但它不是功能很强的数据管理工具。SPSS 主要用于对一个文件进行操作,难以胜任同时处理多个文件的任务。它的数据文件有 4096 个变量,记录的数量则是由你所拥有电脑的磁盘空间来限定。

SPSS 统计分析过程包括描述性统计、均值比较、一般线性模型、相关分析、回归分析、对数线性模型、聚类分析、数据简化、生存分析、时间序列分析、多重响应等几大类,每类中又分好几个统计过程,比如回归分析中又分线性回归分析、曲线估计、logistic 回归、Probit 回归、加权估计、两阶段最小二乘法、非线性回归等多个统计过程,而且每个过程中又允许用户选择不同的方法及参数。SPSS 的优势在于方差分析(能完成多种特殊效应的检验)和多变量分析(多元方差分析、因子分析、判别分析等),SPSS 11.5 版本还新增了混合模型分析的功能。其缺点是没有稳健方法(无法完成稳健回归或得到稳健标准误),缺乏调查数据分析。

SPSS 也有专门的绘图系统。SPSS 绘图的交互界面非常简单,一旦你绘出图形,你可以根据需要通过点击来修改。这种图形质量极佳,还能粘贴到其他文件中(Word 文档或 Powerpoint 等)。SPSS 也有用于绘图的编程语句,但是无法产生交互界面作图的一些效果。这种语句比 Stata 语句难,但比 SAS 语句简单。

SPSS for Windows 的分析结果清晰、直观。该软件易学易用,而且可以直接读取 Excel 及 DBF 数据文件,现已推广到多种操作系统上,最新的版本采用 DAA(distributed analysis architecture,分布式分析系统),全面适应互联网,支持动态收集、分析数据和 HTML 格式报告,领先于诸多竞争对手,但高级用户易对它丧失兴趣。原因是 SPSS 是制图方面的强手,由于缺少稳健和调查的方法,处理前沿的统计过程是其弱项。对于每项功能详细的使用方法可参考《SPSS 统计分析基础教程》。

## 3. Stata

Stata 是一套提供数据分析、数据管理以及绘制专业图表的整合性统计软件。它提供许多功能,包含线性混合模型、均衡重复反复及多项式普罗比模式。Stata 以其简单易懂和功能强大的特点受到初学者和高级用户的普遍欢迎。使用时可以每次只输入一个命令(适合初学者),也可以通过一个 Stata 程序一次输入多个命令(适合高级用户)。这样的话,即使发生错误,也较容易找出并加以修改。新版本的 Stata 采用最具亲和力的窗口接口,使用者自行建立程序时,软件能提供具有直接命令式的语法。Stata 提供完整的使用手册,它是包含统计样本建立、解释、模型与语法、文献等超过 1600 页的出版品。除此之外,Stata 软件可以透过网络实时更新功能,更可以得知世界各地的使用者对于 STATA 公司提出的问题与解决之道。使用者也可以透过 Stata Journal 获得许多的相关讯息以及书籍介绍等。另外一个获取庞大资源的途径就是 Statalist,它是一个独立的 listserver,每月交替提供使用者超过 1000 个信息及 50 个程序。

在数据管理方面,尽管 Stata 的数据管理能力没有 SAS 那么强大,它仍然有很多功能较强且简单的数据管理命令,能够让复杂的操作变得容易。Stata 主要用于每次对一个数据文件进行操作,难以同时处理多个文件。随着 Stata/SE 的推出,现在一个 Stata 数据文件中的变量可以达到 32768 个,但是当一个数据文件超越计算机内存所允许的范围时,你可能无法分析它。

Stata 的统计功能很强,能够进行大多数统计分析(回归分析、logistic 回归、生存分析、方差分析、因子分析,以及一些多变量分析)。另外,它还收集了近 20 年发展起来的新方法(如 Cox 比例风险回归、指数与 Weibull 回归、多类结果与有序结果的 logistic 回归、Poisson 回归、负二项回归及广义负二项回归、随机效应模型等)。Stata 最大的优势在回归分析(包含易于使用的回归分析特征工具)、logistic 回归(附有解释 logistic 回归结果的程序,易用于有序和多元 logistic 回归)。Stata 也有一系列很好的稳健方法,包括稳健回归、稳健标准误的回归,以及其他包含稳健标准误估计的命令。此外,在调查数据分析领域,Stata 有着明显优势,能提供回归分析、logistic 回归、泊松回归、概率回归等的调查数据分析。它的不足之处在于方差分析和传统的多变量方法(多变量方差分析、判别分析等)。

正如 SPSS 一样,Stata 也能提供一些命令或鼠标点击的交互界面来绘图。与 SPSS 不同的是,它没有图形编辑器。在三种软件中,它的绘图命令的句法是最简单的,功能却最强大。图形质量也很好,可以达到出版的要求。另外,这些图形很好地发挥了补充统计分析的功能,例如,许多命令可以简化回归判别过程中散点图的制作。

由于 Stata 在分析时是将数据全部读入内存,在计算全部完成后才和磁盘交换数据,因此计算速度极快(一般来说,SAS 的运算速度要比 SPSS 至少快一个数量级,而 Stata 的某些模块的运行速度比执行同样功能的 SAS 模块快将近一个数量级)。Stata 也是采用命令行方式来操作,但使用上远比 SAS 简单。其生存数据分析、纵向数据(重复测量数据)分析等模块的功能甚至超过了 SAS。

总之,Stata 较好地实现了使用简便和功能强大两者的结合。尽管其简单易学,它在数据管理和许多前沿统计方法中的功能是非常强大的。用户可以很容易下载到别人已有的程序,也可以自己去编写,并使之与 Stata 紧密结合。

每个软件都有其独到之处,也难免有其软肋所在。总的来说,SAS、SPSS 和 Stata 是能够用于多种统计分析的一组工具。通过 Stat/Transfer 可以在数秒或数分钟内实现不同数据文件的转换。因此,可以根据你所处理问题的性质来选择不同的软件。在学习使用统计分析软件时,首先要弄清分析的目的,正确收集待处理和分析的数据(目的、影响因素的剔除),弄清统计概念和统计含义,知道统计方法的适用范围,然后选择一种或几种统计分析方法来探索性地分析数据,读懂计算机分析的数据结果,发现规律,得出分析。举例来说,如果你想通过混合模型来进行分析,你可以选择 SAS;进行 logistic 回归则选择 Stata;若是要进行方差分析,最佳的选择当然是 SPSS。

因此,在生态学数据分析中,应根据自己的需要相应的选取合适的统计分析软件。当然,对于常规数据,也可以通过简单的 Excel 进行运算。

# 1.3　实验报告及研究论文的撰写

## 1.3.1　实验报告及研究论文的意义

实验报告或研究论文,是在科学研究中描述、记录某一课题的实验过程和结果的报告或论文。也就是说,在学习和科研活动中,为了检验某种科学理论或假设,往往要进行实验。人们通过实验、观察、分析、综合、判断,如实地将实验过程和结果记录下来,经过整理而写成书面报告或论文。

撰写实验报告及研究论文,一方面能够加深对所学理论知识的理解,使理论与实践紧密结合,培养和提高观察、分析实验现象和独立进行科学研究的能力,养成严谨的治学习惯和实事求是的科学态度,从而提高科技写作水平;另一方面,通过对实验课题、内容、方法的科学表述,阐明实验的结论和价值,并向社会提供教育科研的信息,有益于推动教育及科研实际工作,此外,还有利于实验者发现自己实验研究过程中的问题和漏洞,从而提高自己的实验水平和改进今后的实验工作。

## 1.3.2　实验报告及研究论文的特点

实验报告及研究论文的特点体现在思想性、科学性、创新性、理论性、可读性和规范性上。

1. 思想性

论文必须具有鲜明的思想性,要符合辩证唯物主义和历史唯物主义的观点,反映党和国家的相关政策,讲求科学道德,无政治性错误等。

2. 科学性

在科学性方面,一般要做到以下五点。

①真实性:科学论文的实验结果忠于事实和原始材料,不弄虚作假,讨论的内容不夸张。

②再现性:任何人根据论文中所介绍的实验方法、实验条件、实验设备,重复作者的实验时,应能得到与作者相同的结果,结论经得住任何人的重复和验证。

③准确性:文章内容理论模型、实验数据、推理论证都必须准确、严谨,论点应经得起推敲。

④逻辑性:概念明确,判断恰当,推理合乎逻辑,无概念不清、论据不足、自相矛盾、层次

不清、观点不明之处。

⑤公正性：在论述观点时要避免主观偏见，不任意取舍，不摒弃偶然现象。

3. 创新性

创新性是科学研究的灵魂。没有创新性，就没有必要写科学论文。文章要有新观点、新发现或新发明，才能体现"新"意。撰写时应仿中有创，仿中有新，有独到之处，补充新内容、新观点。

4. 理论性

理论性是课题研究的内在特征，就是研究论文所反映的从立论到论证、直至作论文的全过程，不仅具有系统性，而且具有指导性和概括性。

5. 可读性

论文的层次要清楚，文字要通顺，插图与表格要清晰，概念要准确，阐述要富有逻辑性，要具有可读性。

6. 规范性

文章基本格式具有一定的标准性和固定性。不符合规范会影响论文应用价值，给读者留下不可信的印象。尤其是名词、术语、缩写、标点、符号、计量单位、表格和插图等的使用更应符合规范。

## 1.3.3　实验报告及研究论文撰写的步骤

撰写实验报告及研究论文一般有六个主要的环节：选择题目；准备参考文献；收集信息；编制提纲；撰写草稿；终稿样张。当然，研究论文的写作不一定要严格按顺序进行，你可以时前时后，或者同时进行两个步骤。

1. 选择题目

找到宽泛的研究领域，界定题目，缩小范围，以问题或假设的形式提出题目。在进行研究的过程中，要对上述各项进行及时修正，并列出初步的论文陈述。

2. 准备参考文献

在研究的早期阶段，应记录所遇到的每个可能与研究有关的资料来源，即便你不能确定是否一定要用它。题目的性质和范围，以及任务的要求，决定了参考书单中资料来源的多少。

你需要查询资料的来源包括：综合索引、专题索引、参考书目、卡片检索系统等，还有其他的信息来源，如词典、百科全书、传记、地图册、统计资料汇编，以及电子形式的资料。

3. 收集信息

为了搜集资料，应该准备一个可操作的书单，评估这些资料来源的有效性和精确性，以及做精确的笔记。

4. 编制提纲

拟定提纲指的是确定论文标题之后，围绕主题设计文章的总体框架和支干脉络。提纲的重点包括引言、材料和方法、结果、讨论四部分。在拟写论文提纲时,必须根据所要论述的问题对通篇内容做一番精心设计,从篇章结构、中心思想到内容表达的层次和顺序都要作缜密考虑,可先列出粗纲,修改补充后再写出详纲。

5. 撰写草稿

撰写论文包括:写初稿、进行尽可能多的修改、编辑、编集文献、检查其他格式、校对。在写初稿时,应回顾已经写下的句子和段落,也应往前考虑整个文章的设计。在写作的过程中,也要考虑最后的格式。

6. 终稿样张

初稿经过修改、整理后,要做最后的核查、审读。在确认完成并不必再做修改后,方可定稿。

## 1.3.4 实验报告及研究论文的内容

1. 实验报告的内容

实验报告的结构包括以下几部分:

1)实验名称

要用最简练的语言反映实验的内容。标题的提炼和制作要明确、简练,直接反映所研究的对象、范围、方向和问题。因此,实验报告的标题常常直接采用研究课题的名称,指明所研究的重要变量。

2)所属课程名称,学生姓名,学号,合作者及实验日期(年、月、日)和地点

3)实验目的

实验目的主要包括学生通过实验理解或掌握某些理论、实验技能、实验方法以及具体应用应达到的程度,主要培养学生哪些方面的素质和能力。

实验目的要明确,简明扼要地说明实验课题的来源、背景、实验进展情况,表明解决该课题的实际意义。

4)实验原理

实验原理是实验设计的依据和思路,是设计性实验的基础。要研究实验,只有明确实验的原理,才能真正掌握实验的关键、操作的要点,进而进行实验的设计、改造和创新。实验原理首先要遵循实验的科学性原则,实验中涉及到的实验设计依据必须是经前人证明的科学理论。实验原理表述的是实验设计的整体思路,即实验的结果是在什么条件和情况下,通过什么方法,根据什么事实得来的,从而判定实验研究的科学性和实验结果的真实性、可靠性;此外,实验原理还包括实验现象与结果出现的原因以及重要实验步骤设计的根据等。由此,我们可以总结出一个实验的实验原理应该由以下三部分组成:①该实验要验证或证明的事实或理论,或该实验所依据的理论基础(一般是前人已证明的理论或已存在的事实);②该实验所选择的对实验变量的处理方法,即具体的实验方法;③该实验所选择的观测指标,即通过对实验变量的处理所引起的反应变量的变化。一般观测指标显示的实验现象即反映实验结论,若观测指标不能直接反映实验结论,则需将观测指标即所出现的实验现象与实验结论之间的关系加以说明(注:有些实验会用到比较特殊的材料或试剂,其使用方法需说明)。

5)实验环境、器材、试剂、材料等

6)实验步骤

实验步骤只写主要操作步骤,不要照抄实习指导,要简明扼要。如有必要,还应该画出实验流程图或实验装置的结构示意图,再配以相应的文字说明,这样既可以节省许多文字说明,又能使实验报告简明扼要,清楚明白。

7)实验结果

实验结果是实验研究报告的核心内容,是研究的原始依据,以备系统分析时参考,由此引发讨论,得出结论,导出推理。要求简要地说明每一结果与研究假设的关系,对实验现象的描述,实验数据的处理等。实验结果可选用适当的表格、图表、曲线的方式,加上必要的简明扼要的文字叙述表达。

实验结果基本内容包括:①用统计表、统计图等方式把搜集的原始数据、典型案例、观察资料等进行初步的整理和分析,既有对定性资料的归纳,又有对定量资料的统计分析等;②用统计检验来描述实验因子与实验结果之间的关系,得出研究的最终结果,然后对实验结果的事实加以分析说明。

8)分析讨论

实验讨论紧接实验结果,也有的作者将实验结果和实验讨论合在一起。实验讨论是从实验和观察到的结果出发,从理论上对实验过程中的不足或缺陷对结果可能会造成的影响进行分析、比较、阐述、推论和预测,注意不要做任何不适于结果的陈述或结论。

9)结论

结论是对整篇论文的主要内容和主要论点进行概括性总结,不是具体实验结果的再次罗列,也不是对今后研究的展望。结论是作者在实验结果和理论分析的基础上,经过严密的逻辑推理,更深入地归纳报告中能反映事物本质的规律。结论的文字要简短,不用表和图,措辞要严谨、精练,表达要准确、有条理性,结论要与实验目的相呼应。

2. 研究论文的书写格式

完整的研究论文常用的格式主要包括题名、作者与作者单位、摘要、关键词、引言、正文、结论、致谢(必要时)、参考文献等。

1)题名

题名也称为题目、标题或篇名,是全文的高度概括与总结。好的题目不仅能引起读者的兴趣,而且容易进入期刊索引杂志。题目应包括被试因素、受试对象、试验效应及变化特点等。

一般题名具有以下几个特点。①具体准确:表达特定内容及其特点,反映研究范围与深度,见题如见文。②简短精练:一般20个字左右,不超过30个字。英文文题一般不超过10个实词。③新颖性:反映创新性、特殊性,使读者一目了然。④一般不加标点。⑤一般不用副标题。

在书写时还应注意:①不用非公知公用、同行不熟悉的外来语、缩略词、简称、符号、代号、公式、商品名称。②避免用疑问句、主谓宾齐全的完全句及宣传鼓动式状语。③力戒泛指性概念。

2)作者与作者单位

作者署名是论文的重要组成部分,是著作权归属的声明,是文责自负的承诺,是读者联系的依据。署名可以是个人作者、合作者或团体作者。论文联合署名时,署名先后顺序应按照在整个科研过程中实际贡献的大小。署名均用作者的真实姓名,不用变化不定的笔名。多作者之间用逗号","隔开。

作者单位与地址(包括邮政编码)是作者的重要信息之一,应署论文研究工作完成期间的学术单位。在书写时要注意单位名称要完整、唯一。

单位名的书写格式规范,目前多数学术期刊中单位名的书写格式是:单位名称与省市之间以逗号","分隔,整个作者单位项用圆括号"()"括起;不同工作单位的作者在姓名的右上角加注不同的阿拉伯数字序号,并在其工作单位名称之前加与作者姓名右上角加注的相同的数字,各工作单位连排时以分号";"隔开。具体应按照所投刊物的要求去做。

3)摘要

摘要等于是整篇论文的缩影,读者可能是阅读完摘要就知道这篇论文适不适合他。摘要的基本要素一般包括研究目的、研究对象、研究方法、研究结果、所得结论以及结论的适用范围这六项内容,其中研究目的、研究方法、研究结果和结论是必不可少的。

摘要的撰写必须精练确切地反映原稿要点,突出创新和主要发现,繁简得当,控制在300字左右,一般不用第一人称,不用图、表、化学结构式和非公知公用符号或术语,缩略语、略称、代号首次出现处应加以说明。

4)关键词

关键词是论文起关键作用的词和短语。其应具有代表性、可检索性和规范性。列出关键词的目的,一是便于做主题索引,二是便于读者了解论文的主题及编制个人检索卡片。关键词可选用3~10个,必须是规范科学的名词术语,中英文关键词要一一对应。

5)引言

引言又称前言、导言、导论、绪言、绪论等。引言是正文最前面的一段纲领性、序幕性及引导性短文,旨在向读者交代研究的来龙去脉,即主要回答"为什么研究"这个问题。引言主要包括国内外研究现状及历史背景,研究目的、范围,研究设想依据、预期结果与意义。

引言的书写要求有:①篇幅不宜过长,应简洁明快,开门见山。②客观、科学地叙述论文的研究意义。③不同于摘要,减少与正文的重复。④研究的结论不要放到引言中。

6)正文

正文是学术论文的主体,是全篇论文的核心。正文的主要内容包括研究对象和方法、研究的内容和假设、研究的步骤及过程、研究结果的分析与讨论。正文通过图表、统计结果及文献资料,或以纵向的发展过程,或横向类别分析提出论点、论据,进行论证。

正文的书写要求有:①内容客观真实、科学完备。②引用权威的数据资料,并要注明引用的出处。③尽量用文字叙述,可适当用图或表格加以辅助陈述。④若实验结果与前人的有异,且有足够的证据证明自己的结果准确无误,可对前人的研究工作进行批评。⑤涉及的物理量和单位符号、数学式、数字用法等应符合国家标准。

总之,正文应充分阐明论文的观点、原理、方法及达到预期目标的整个过程,并要体现作者研究的学术性、创造性和科学性。

7)结论

结论是整篇论文最后的总结性文字,是正文必然的逻辑发展,也是整篇论文的归属,多数期刊规定结论部分不再单独列出在正文中。结论应便于读者查阅,便于文摘类期刊等编写摘要,便于读者编写卡片。结论主要包括指明实验结果说明了什么,解决了什么理论和实际问题；实事求是地提出本研究的限度、缺点、疑点，并加以分析、解释；比较与前人研究的异同，并进行修改、补充、拓展、发展、证实和否定；点明本论文在理论上或使用上的意义和价值；展示有待解决的问题，提出今后的研究方向。

结论书写上的要求有：①要简洁有力，准确，实事求是。②围绕目的，突出主题，抓住重点，阐明研究结果及其结论的意义。③避免简单重复前言、结果中的内容。④通常多用"可能"、"提示"、"建议"等代替"证明"、"发现"之类的字眼。

8）致谢

致谢应以简短的文字对课题研究与论文撰写过程中提供实质性帮助和做出过贡献的单位或个人（例如指导教师、答疑教师及其他人员）表示自己的谢意，言辞应恳切恰当，实事求是。

对于致谢对象，应按照贡献大小进行致谢，如导师、直接帮助者、间接帮助者、管理人员等。

9）参考文献

参考文献在实验报告的结尾，是为了标明论文中某些论点、数据、资料与方法的出处，供评阅人审阅、查找有关文献；这既有助于反映论文的科学性，也是尊重他人研究成果的表示。引用参考文献必须注意公开性、权威性、时效性。

参考文献的格式要求如下所示。

（1）参考文献著录格式

①期刊：［序号］作者.题名［J］.刊名，出版年，卷（期）：起止页码.

②专著：［序号］作者.书名［M］.版本（第一版不著录）.出版地：出版者，出版年：起止页码.

③论文集：［序号］作者.题名［C］.编者.论文集名［C］.出版地：出版者，出版年：起止页码.

④学位论文：［序号］作者.题名［D］.保存地点：保存单位，年份.

⑤专利文献：［序号］专利所有者.专利［P］.专利国别：专利号，出版日期.

⑥技术标准：［序号］标准编号，标准名称［S］.

⑦报纸：［序号］作者.题名［N］.报纸名，出版日期（版次）.

⑧报告：［序号］主要责任者.题名［R］.出版地：出版者，出版年：起止页码（任选）.

⑨电子文献：［序号］作者.题名［电子文献及载体类型标识］.电子文献出处或可获得地址，发表或更新日期或引用日期.

（2）文献类型及其标识

①根据 GB3469 规定，各类常用文献标识如下：

| 类型 | 期刊 | 专著 | 论文集 | 学位论文 | 专利 | 标准 | 报纸 | 技术报告 |
|---|---|---|---|---|---|---|---|---|
| 标记 | ［J］ | ［M］ | ［C］ | ［D］ | ［P］ | ［S］ | ［N］ | ［R］ |

②电子文献载体类型用双字母标识，具体如下：

| 类型 | 磁带 | 磁盘 | 光盘 | 联机网络 |
|---|---|---|---|---|
| 标记 | ［MT］ | ［DK］ | ［CD］ | ［OL］ |

③电子文献载体类型的参考文献类型标识方法为：［文献类型标识/载体类型标识］。例如：

| 类型 | 联机网上数据库 | 磁带数据库 | 光盘图书 | 磁盘软件 | 网上期刊 | 网上电子公告 |
|------|------|------|------|------|------|------|
| 标记 | ［DB/OL］ | ［DB/MT］ | ［M/CD］ | ［CP/DK］ | ［J/OL］ | ［EB/OL］ |

(3)参考文献书写时的注意点

①多个责任者之间以","分隔。作者若有 1,3 名,则全部列出;3 名以上只列出前 3 名,后加"等"、"et al"或其他相应文字。注意在本项数据中不得出现缩写点"."。主要责任者只列姓名,其后不加"著"、"编"、"主编"、"合编"等责任说明。

②顺序编码制是按正文中引用文献出现的先后顺序连续编码,并将序号置于方括号中。

③同一处引用多篇文献时,将各篇文献的序号在方括号中全部列出,各序号间用",";如遇连续序号,可标起讫号"—"。

④同一文献在论著中被引用多次,只编 1 个号,引文页码放在"［ ］"外,文献表中不再重复著录页码。

⑤参考文献的标点要用 Times New Roman 格式的字体,每一参考文献条目的最后均以"."结束。

# 第二部分

# 基础性实验

## 实验 2.1 盐分胁迫对植物生长发育的影响

### 【实验目的】

1. 了解土壤盐分胁迫对植物种子萌发和生理、生态特征的影响。

2. 掌握种子萌发过程中发芽率、发芽势、发芽指数等各项指标和植物株高、基径、根长、干重等生理、生态特征的观察和测量方法。

3. 了解各项指标和参数在盐分胁迫条件下的变化趋势。

4. 绘制盐浓度与生长指标和参数的相关曲线。

### 【实验原理】

1. 盐生植物

盐土指的是土壤饱和浸提液的电导值超过 $4dS \cdot m^{-1}$ 的土壤。盐渍生境是指含有至少 $3.3 \times 10^5 Pa$ 渗透压的盐水(相当于 $70mmol \cdot L^{-1}$ 的单价盐)的生境,在此生境中能生长的植物就是盐生植物;反之,则为非盐生植物(淡土植物)。

2. 盐分胁迫对植物的影响

土壤盐分过多,会降低土壤溶液的水势,导致植物有严重的生理干旱,影响物质的吸收、合成和运输。同时,高浓度的钠离子可置换细胞膜上结合的钙离子,膜功能也随之改变,细胞内外物质无选择进出。高盐土上生长的植物体内常积累过多的盐分,植物代谢过程受到影响。在盐分胁迫下,气孔保卫细胞内的淀粉形成过程受到阻碍,气孔不能关闭,植物很快缺水枯萎。盐分胁迫还会导致自由基($O_2^- \cdot$)、羟自由基($\cdot OH$)、过氧化氢($H_2O_2$)和单线态氧($^1O_2$)等活性氧的产生,活性氧可使很多生物功能分子失去功能。

### 【实验仪器和材料】

1. 仪器和设备

一次性塑料花盆(盆口直径约 $10cm$)、滤纸、光照培养箱、电子天平、恒温干燥箱、500mL 烧杯、250mL 容量瓶、10mL 移液管、游标卡尺、刻度尺、玻璃棒、镊子、铲子等。

2. 材料

(1)种子:根据当地环境情况和实验条件选择合适的植物种子,如玉米、小麦、棉花、豆类等。本实验推荐使用大豆或者豌豆的当年生种子。

(2)土壤:同一地点采集的土壤,混合均匀后作为培养用土。

(3)试剂:配制质量分数分别为 0%、0.2%、0.4%、0.6%、0.8%的 NaCl 溶液。

## 【操作建议】

1.预处理

(1)种子的预处理:将成熟的大豆种子用小刀破皮后,以 75%酒精消毒 1min,然后放入 0.1%的氯化汞溶液中浸泡 10min,在超净台上用无菌水冲洗 4 次。

(2)器皿准备:准备 15 只一次性塑料花盆,每 5 个 1 组,做 3 组平行组,在每个花盆底部垫上 2 片滤纸,分别按以下处理贴好标签。

A—NaCl(质量分数):0%、0.2%、0.4%、0.6%、0.8%。

B—NaCl(质量分数):0%、0.2%、0.4%、0.6%、0.8%。

C—NaCl(质量分数):0%、0.2%、0.4%、0.6%、0.8%。

(3)取实验用土,3 个平行组的培养土壤应取自同一地点,并充分混合后装入准备好的花盆中,每盆装 6cm 左右的土壤。

2.种子的培养

选取经过预处理的饱满、均匀的种子,分别放入准备好的花盆中,每盆 10 颗种子,并在种子上均匀覆盖 1~2cm 的相同土壤。放入光照培养箱,在 25℃、500lx 光照条件下培养 14d。每间隔 24h,以标签上所示浓度的 NaCl 溶液处理 1 次,以保持一定湿度。

本步骤也可由学生带回寝室在进行自然状态下培养 14d 左右。

3.实验记录

(1)实验开始后,逐日记录萌发的种子数,并记入表 2.1。

表 2.1　大豆种子发芽情况记录表

| NaCl 浓度/% | 平行组 | 时间/d | | | | | | | | | | | | | |
|---|---|---|---|---|---|---|---|---|---|---|---|---|---|---|---|
| | | 1 | 2 | 3 | 4 | 5 | 6 | 7 | 8 | 9 | 10 | 11 | 12 | 13 | 14 |
| 0 | A B C | | | | | | | | | | | | | | |
| 0.2 | A B C | | | | | | | | | | | | | | |
| 0.4 | A B C | | | | | | | | | | | | | | |
| 0.6 | A B C | | | | | | | | | | | | | | |
| 0.8 | A B C | | | | | | | | | | | | | | |

(2)实验结束后,每种处理至少选择 15 株(每盆 5 株),洗净后,用刻度尺、游标卡尺测量株高、基径、根长,最后放入恒温干燥箱 60℃烘干至恒重,用电子天平测定植株干重,结果记入表 2.2 中。

**表 2.2 株高、基径、根长、植株干重测定记录表**

| 参数 | NaCl 浓度 /% | 时间/d | | | | | | | | | | | | | | | 平均值 |
|---|---|---|---|---|---|---|---|---|---|---|---|---|---|---|---|---|---|
| | | 1 | 2 | 3 | 4 | 5 | 6 | 7 | 8 | 9 | 10 | 11 | 12 | 13 | 14 | 15 | |
| 株高 /cm | 0 0.2 0.4 0.6 0.8 | | | | | | | | | | | | | | | | |
| 基径 /cm | 0 0.2 0.4 0.6 0.8 | | | | | | | | | | | | | | | | |
| 根长 /cm | 0 0.2 0.4 0.6 0.8 | | | | | | | | | | | | | | | | |
| 植株 干重 /g | 0 0.2 0.4 0.6 0.8 | | | | | | | | | | | | | | | | |

**4. 数据处理**

(1)计算发芽率、发芽势、发芽指数和耐盐指数。

①发芽率是决定种子品质和种子实际用价值的依据。

$$G_r = \sum G_t / T \times 100\%$$

式中,$G_r$ 为发芽率,%;$G_t$ 为在 $t$ 日的发芽种子个数,个;$T$ 为供试种子总数,个。

②发芽势是判别种子质量优劣、出苗整齐与否的重要标志,也与幼苗强弱和产量有密切的关系。发芽势高的种子,出苗迅速,整齐苗壮。

$$G = G_3 / T \times 100\%$$

式中,$G$ 为发芽势,%;$G_3$ 为 3 天发芽种子个数,个;$T$ 为供试种子总数,个。

③发芽指数:

$$G_i = \sum (G_t / D_t)$$

式中,$G_i$ 为发芽指数,个·$d^{-1}$;$G_t$ 为在 $t$ 日的发芽种子个数,个;$D_t$ 为相应的发芽天数,d。

④耐盐指数:

$$N = N_i / N_0 \times 100\%$$

式中,$N$ 为耐盐指数,%;$N_i$ 为耐盐处理的某一指标(如发芽率、发芽势、发芽指数、株高、根长、植株干重等);$N_0$ 为空白对照的相应指标。

根据表 2.1 的数据,分别计算发芽率、发芽势、发芽指数和耐盐指数,将计算结果填入表 2.3 中。

表 2.3 种子萌发中的发芽率、发芽势、发芽指数和耐盐指数计算结果

| 指　　标 | NaCl 浓度 /% | | | | |
|---|---|---|---|---|---|
| | 0 | 0.2 | 0.4 | 0.6 | 0.8 |
| 发芽率 /% | | | | | |
| 发芽势 /% | | | | | |
| 发芽指数 /(个·d⁻¹) | | | | | |
| 耐盐指数 /% | | | | | |

(2)根据表 2.2 及表 2.3 的数据,作出相应的统计图形和回归方程。

## 【实验注意事项】

1. 实验用土壤需采自同一地点,并充分混合,以保证各花盆内的土壤有机物和养分大致相同。

2. 加溶液时最好用滴管滴入或者小喷雾器喷入,防止加液过猛,冲掉覆盖的土壤。

3. 测量植物株高、基径、根长时,需先将整个花盆放入水中,浸透后轻轻来回晃动花盆,使根系附近的土壤疏松并慢慢脱落,洗净后,待整个根系全部暴露才可进行测量。

## 【实验拓展】

### 实验拓展 1 水分胁迫对植物生长发育的影响

该实验的拓展方向为不同生态因子对植物的影响。类似的还可以以温度、光照等为胁迫因子。

水是影响陆生植物生长的主要生态因子。当植物体内发生水分短缺时,代谢过程会发生明显的改变,生理活动受到阻碍。植物在干旱胁迫下常表现出发芽率降低,植物根系土壤养分的吸收受阻,植物体内的自由基水平增加,膜脂过氧化程度上升,清除自由基相关酶活性、自由基清除剂含量和叶绿素含量下降,渗透调节物质可溶性糖含量明显增加,蛋白质的分解加强,合成受抑制等。所有这些变化最终导致植物生物量和产量的下降,严重干旱时导致植物的生长发育停滞,甚至死亡。

通过测定植物种子发芽率、幼苗苗高、$H_2O_2$ 含量、丙二醛(MDA)含量、超氧化物歧化酶(SOD)活性、过氧化氢酶(CAT)活性、过氧化物酶(POD)活性和叶绿素含量等生理生化指标在植物受水分胁迫前后的变化,从生理生化角度说明植物对水分胁迫的适应性。

〈实验材料的选择〉

通常选择小麦为实验材料。也可以根据不同的季节或实验室条件选取大豆、豌豆、玉米、棉花等种子作为实验材料。

〈操作要点〉

盆栽种植,一般每盆土设置重 1.0kg,各种 2g 小麦种子。土壤为肥沃大田表土,用人工称重的方法控水,设水分的质量分数为 9%、12%、15%、18% 及 21% 5 个梯度。将培养盆放入光照培养箱中 25±1℃、每天 10h 光照下连续培养。每组至少设 3 次重复。

培养 7d 后进行各项指标的测定。

〔实际应用〕

阐明植物在干旱条件下的生理生化变化及抗旱机理,为筛选适用于干旱环境下种植的旱生植物提供依据。

### 实验拓展 2　盐生植物与非盐生植物耐盐性比较实验

该实验的拓展方向为同一生态因子对不同性质植物的影响。

一定浓度的盐会对植物产生伤害,但不同的植物对盐的反应不同,所受的伤害也就不同。根据植物的耐盐能力不同,它们可分为盐生植物(halophyte)和非盐生植物(nonhalophyte)。无论是盐生植物还是非盐生植物,在盐渍条件下都会受到渗透胁迫伤害,但盐生植物与非盐生植物对盐度的响应有本质上的区别,两者在盐渍环境下的生长情况截然相反,这是由它们有无耐盐基因所决定的。

NaCl 对非盐生植物和盐生植物都可产生伤害作用。短期盐害可使两种植物的木质部汁液中 $Na^+$ 含量升高,渗透势下降,说明它们的根细胞对离子的选择性吸收(即质膜透性)受到了盐的影响。此外,盐害还导致叶组织质膜透性增加和 $Na^+$ 含量升高。这些变化必然会影响植物地上和地下部分对水分的吸收,使植物的蒸腾率和叶片生长率都有所下降,最终导致植物生物量的变化。

本实验通过测定盐生植物和非盐生植物在不同浓度盐分胁迫下的种子萌发过程中发芽率、发芽势、发芽指数等各项指标和植物株高、基径、根长、干重等生理、生态特征,探讨盐生植物和非盐生植物对盐分胁迫的响应。

〔实验材料的选择〕

盐生植物通常选择碱蓬(*Suaeda glauca*)为实验材料,非盐生植物选择陆地棉(*Gossypium hirsutum*)为实验材料。也可以根据不同的季节或实验室条件选取盐生植物盐角草(*Salicornia europaea*),非盐生植物大豆、豌豆、玉米等种子作为实验材料。

〔供参考的实验流程〕

本实验可参考上述"盐分胁迫对植物生长发育的影响"的内容。

〔实际应用〕

为指导农业上因地制宜栽培农作物的生产实践提供理论指导。

# 实验 2.2　植物生长发育有效积温的测定

## 【实验目的】

1.掌握测定植物有效积温的方法。

2.加深对温度因子对植物生长发育影响的了解。

## 【实验原理】

温度与生物生长发育的关系一方面体现在某些植物需要经过一个低温"春化"阶段,才能开花结果,完成生命周期;另一方面反映在有效积温法则上。有效积温法则的主要含义是植物在生长发育过程中,必须从环境中摄取一定的热量才能完成某一阶段的发育,而且植物各个发育阶段所需要的总热量是一个常数。积温用公式表示为

$$K = \sum N(T - T_0)$$

式中,$K$ 为该生物所需的有效积温(常数);$N$ 为发育历期,即生长发育所需时间;$T$ 为发育期间的平均温度;$T_0$ 为生物发育起点温度(植物或变温动物,其发育都是从某一温度开始的,而不是从 $0\,℃$ 开始,生物开始发育的温度称为发育起点温度或生物学零度)。

有效积温法则不仅适用于植物,也可应用到昆虫和其他一些变温生物。在生产实践中,有效积温有以下应用:预测生物地理分布界限;预测害虫发生的世代数、来年发生程度、害虫的分布区及危害猖獗区;根据有效积温制定农业规划,合理安排作物和预报农时。

## 【实验仪器和材料】

### 1.仪器和设备

一次性塑料花盆(盆口直径约 10cm)、滤纸、光照培养箱、温度计、铲子等。

### 2.材料

(1)种子:根据当地环境情况和实验条件选择合适的植物种子。本实验推荐用大豆或者豌豆的当年生种子。

(2)培养用沙:采用细沙进行培养,沙子用清水洗净,去除沙子中的有机质和可溶性矿物质元素。

## 【操作建议】

### 1.预处理

(1)种子的预处理:取 100 粒饱满的大豆种子,用湿纱布包好。取 1 只 200mL 的烧杯,倒入适量温水,常温下浸泡种子 1d,然后把水倒掉,使种子处于湿润又透气的状态,放于 25℃ 培养箱中催芽。

(2)器皿准备:准备 10 只一次性塑料花盆,每 5 个 1 组,在每个花盆底部垫上 2 片滤纸。分别按以下处理贴好标签。

25℃ 光照培养箱中培养:     A1、A2、A3、A4、A5

带回寝室变温条件下培养:     B1、B2、B3、B4、B5

(3)取实验用沙,将洗净的沙子装入准备好的花盆,每盆装深度为 6cm 左右的沙子。

### 2.种子的培养

选取经过预处理的饱满、均匀的种子,分别放入准备好的花盆中,每盆 10 颗种子,并在种子上均匀覆盖 1～2cm 的沙子。每组 5 盆,放入光照培养箱,在 25℃、500lx 光照条件下培养;另一组 5 盆带回寝室,在变温条件下培养,每天分时段用温度计测量该时温度。每天适量浇水 1 次,使土壤保持一定湿度。每天记录温度、生长情况和各生育期,包括种子出苗、子叶展开、长出第一片真叶、第一对真叶展开的天数。本实验在各组 80% 的植株的第一对真叶完全展开后结束,记录所用的天数(或时数)、处理的温度。

本实验也可采用不经过预处理的种子,每盆放入 15 颗种子,当种子发芽后拔除多余的植株,使每盆保持 10 棵长势类似的植株。

### 3.实验记录

实验结束后,计算有效积温和大豆发育的起始温度,并将处理结果记入表 2.4。

表 2.4　实验结果记录表

| 分组 | 平行 | 种子数/个 | 平均温度/℃ | 从播种到第一对真叶完全展开的天数/d |
|---|---|---|---|---|
| A | A1 | 10 | 25 | |
| | A2 | 10 | 25 | |
| | A3 | 10 | 25 | |
| | A4 | 10 | 25 | |
| | A5 | 10 | 25 | |
| B | B1 | 10 | | |
| | B2 | 10 | | |
| | B3 | 10 | | |
| | B4 | 10 | | |
| | B5 | 10 | | |

4.数据处理

用公式 $K_1 = N_1(T_1 - T_0)$ 和 $K_2 = N_2(T_2 - T_0)$，求出 $T_0$ 和 $K$（发育起始温度和有效积温）。

【实验注意事项】

1.注意重复处理的培养盆之间是否存在长势上的差异。若差异不大,则取其平均数;若差异过大,则重新再做一次处理。

2.因种子生长状况受许多条件的影响,本实验在各培养组 80% 的植株第一对真叶完全展开时结束,即 40 棵植株第一对真叶完全展开时结束。

3.每天分时段测量温度时,时段可以长短不一,但每个时段内温度的变化幅度应尽可能小。计算该时段积温时,只要将时段长度与所测温度相乘即可。

【实验拓展】

实验拓展　昆虫发育起点温度和有效积温常数的测定

该实验的拓展方向为动物发育起点温度和有效积温的计算。除昆虫外,类似的还可以是两栖动物、爬行动物及脊椎动物。

了解一种昆虫发育起点和有效积温常数是进行该虫发生期预测的基础,同时还可利用这两个常数进行某种昆虫分布范围、不同地区发育历期及发生代别的推算。需要注意的是,有效积温法则仅适用于一定的温度范围。温度过高,超过一定的临界点时,变温动物的发育速率将随温度增加而降低,甚至导致个体死亡。

本实验通过测定测定昆虫在不同温度下的发育历期数据,计算发育起点温度和有效积温常数。

〈实验材料的选择〉

本实验可供选择的实验材料很多,如各种农业害虫,可根据当地实际情况选择方便获取的材料。为了取材方便,建议选择蝗虫、蚱蜢等昆虫的卵作为实验材料。

〈供参考的实验流程〉

1.实验材料的采集。在合适的季节,如在晚秋蝗虫(或蚱蜢)交配季节,到野外采集交配过的雌虫带回实验室进行培养,以供产卵。

2.根据实验室条件和研究对象,可选择不同的温度梯度进行处理。本实验选择 10℃、

15℃、20℃、25℃、30℃ 5 个温度梯度,将虫卵各 100 个放入 5 个试管中,用加湿的棉花塞封口,分别放于 5 个恒温培养箱中培养。

3.在保持温度条件不变的情况下,每天 2 或 3 次观察记录虫卵的发育进度,记录各个管中孵化出的若虫数目,计数后去除。

4.等所有的卵都孵化出来后,建立发育历期表,并计算虫卵的发育起始温度和有效积温常数。

〔操作要点〕

1.每天观察记录时,还应注意试管是否处于保湿状态,若已显干燥,则应及时对棉花塞进行加湿。

2.本实验还可在变温的自然温度条件下进行,由于自然界季节的温度差异,造成不同时期饲养的个体所经历的环境温度高低不同,因而发育速率不一,从而得到多组不同日均温度下的发育历期表,计算两个常数。

〔实际应用〕

可对多种农业害虫建立发育速率与温度的关系式,用于预测害虫发生期。

# 实验 2.3  鱼类对温度、盐度、pH 值耐受性的观测

## 【实验目的】

1.了解测定生物对生态因子耐受范围的方法。

2.认识影响鱼类耐受能力的因素,结合其分布生境与生活习惯,加深对谢尔福德耐受性定律的理解。

## 【实验原理】

不同的生物对温度、盐度、环境 pH 值等生态因子有不同的耐受上限和下限,上、下限之间的耐受范围有宽有窄,且生物对不同生态因子的耐受能力随生物种类,个体类型、年龄、驯化背景等因素而变化。当多种生态因子共同作用于生物时,生物对各因子的耐受性之间密切相关。

## 【实验仪器和材料】

1.仪器和设备

水族箱、光照培养箱、温度计、天平、纱布等。

2.材料

(1)实验动物:选择常见水生脊椎动物,如金鱼、蝌蚪等小型动物。从实验动物的易取性或经济角度考虑,也可选择河虾作实验材料。本实验以金鱼为例。

(2)试剂:2mol · L$^{-1}$ HCl 或 NaOH 溶液。

## 【操作建议】

1.鱼类对温度耐受性的观测

(1)建立 5 个环境温度梯度,分别为 5℃、10℃、20℃、30℃、40℃。

(2)选择健康且大小相近的金鱼若干条,称量并记录其体重。

(3)挑选 50 条体重、大小相近的金鱼,分为 5 组,每组 10 条,分别置于 5 个温度梯度下,持续 30min。

(4)观察动物的活动以及死亡情况。如果在某一温度下,动物出现行为异常或死亡,则需观察在该温度条件下动物死亡数达到 50% 所需要的时间。

(5)在表 2.5 中记录金鱼在不同温度条件下行为是否存在异常或出现死亡现象。

表 2.5 不同温度下金鱼行为及死亡情况记录表

| 异常或死亡个体编号 | 体重/g | 驯化温度/℃ | 行为观测 | 死亡时间 |
| --- | --- | --- | --- | --- |
|  |  |  |  |  |

2. 鱼类对盐度耐受性的观测

(1)盐度梯度的建立。一般说来,地球上海水的含盐浓度为 16‰~47‰(一般为 35‰),而淡水的含盐浓度只有 0.01‰~0.5‰,两者相差悬殊。从淡水直到盐度为 47‰ 的海水,都有鱼类分布。按生活水域的盐度不同,鱼类可分为以下 3 类。

①海水鱼类:它们适应于盐度较高的海水水域。通常海水的盐度为 16‰~47‰。

②咸淡水鱼类:它们适应于河口咸淡水水域,水的盐度为 0.5‰~16‰。

③淡水鱼类:它们适应于淡水水域,水的盐度低而稳定,一般为 0.02‰~0.5‰。

按如下所示建立盐度梯度:

高渗环境梯度(以暴气后自来水配制食盐溶液):10‰、20‰、40‰(也可根据实验材料的不同,参照预实验的情况,设置适宜的盐度梯度);并以蒸馏水(或 1‰ 盐浓度)为低渗环境,作为对照组。

(2)实验动物称重。挑选体重、大小相近的 50 条金鱼,随机分为 5 组,计算每组鱼平均体重(±0.01g)。

(3)半数致死浓度测定。将 5 组鱼分置于上述盐度水体内,观察行为 30min,如果正常,则停止观察;如果异常,则观察至动物死亡数到达 50% 所需的时间。记录数据并制图,得出半数致死浓度。

(4)观察动物的活动以及死亡情况。如果在某盐度环境下,动物出现行为异常或死亡,则需观察在该盐度环境中动物死亡数达到 50% 所需要的时间。

(5)在表 2.6 中记录金鱼在不同盐度环境中行为是否存在异常或出现死亡现象。

表 2.6 不同盐度环境中金鱼行为及死亡情况记录表

| 异常或死亡个体编号 | 体重/g | 环境盐度/‰ | 行为观测 | 死亡时间 |
| --- | --- | --- | --- | --- |
|  |  |  |  |  |

3. 鱼类对 pH 值耐受性的观测

(1)建立 5 个 pH 梯度,分别为 3、5、7、9、11。

(2)选择健康且大小相近的金鱼若干条,称量并记录其体重。

(3)挑选 50 条体重、大小相近的金鱼,分为 5 组,每组 10 条,分别放入所设置的 5 个 pH 梯度的环境中,持续 30min。

(4)观察动物的活动以及死亡情况。如果在某 pH 环境中,动物出现行为异常或死亡,则需观察在该盐度环境中动物死亡数达到 50% 所需要的时间。

(5)在表 2.7 中记录金鱼在不同 pH 环境中行为是否存在异常或出现死亡现象。

表 2.7 不同 pH 环境中金鱼行为及死亡情况记录表

| 异常或死亡个体编号 | 体重/g | 环境 pH 值 | 行为观测 | 死亡时间 |
| --- | --- | --- | --- | --- |
| | | | | |

### 【实验注意事项】

1. 选择动物时,尽量保证各组动物的体重、大小相近。

2. 如果动物出现立即死亡的情况,则需要适当调整温度、盐度和 pH 值。

3. 在盐度和 pH 值耐受性实验中,各组处理的水温应保持一致。

### 【实验拓展】

实验拓展 温度对金鱼能量代谢的影响

该实验的拓展方向为不同生态因子对动物能量代谢的影响,如温度、光周期、盐度等。动物可选择水生或陆生的脊椎动物。

动物呼吸需要消耗氧气,通过氧化体内的能量物质,产生能量,来维持自身的各种生命活动。然而,呼吸的耗氧量与产生能量的多少密切相关,因此,我们可通过测定动物呼吸的耗氧量,来评价生物能量代谢率的高低。

〔实验材料的选择〕

实验动物可选择金鱼或蝌蚪等小型动物。设备需要溶解氧测定仪、光照培养箱、水槽、呼吸瓶。若没有溶解氧测定仪,则可用 Winker 滴定法测定水中的溶解氧。

〔供参考的实验流程〕

1. 将光照培养箱分别设置 10℃、20℃、30℃ 3 个温度梯度。

2. 记录气温、气压,并称量金鱼的体重。

3. 将充分曝气过的自来水装入 500mL 的呼吸瓶中,水要装满。

4. 在每个呼吸瓶中放入 1 条金鱼,每个温度下设置 4 个呼吸瓶和 1 个对照瓶(对照瓶中同样装满水,但不放入金鱼)。

5. 将呼吸瓶放在不同温度的培养箱中,盖紧瓶塞,放置 30min。

6. 将呼吸瓶和对照瓶从培养箱中拿出,用溶解氧测定仪测定各瓶中的溶氧量。

7. 比较每个温度下金鱼的耗氧量以及各温度下金鱼单位体重的呼吸耗氧量。

〔实际应用〕

为水产养殖实践提供基础资料,还有助于了解环境污染(例如盐度)对该物种的毒理作用。

# 实验2.4　校园栽培植物的传粉学观察

## 【实验目的】

1. 了解不同物种间建立种间有益关系的方法。

2. 学习传粉生态学的研究方法,培养室外定位观察的能力和协作精神。

## 【实验原理】

经过自然界漫长的进化过程,许多开花植物与媒介生物之间形成了互利的协作关系(通常是原始协作关系)。媒介生物在采食开花植物的花粉、花蜜或得到其他好处时,客观上也为植物起了传粉授精的作用。

开花植物与媒介生物长期形成的互利关系,一方面,使得植物在形态结构上适应媒介生物的身体特征和行为方式;另一方面,媒介生物觅食方式也与植物的开花周期和花部特征相适应,它们之间形成了特殊的协同进化关系。

## 【实验仪器和材料】

1. 仪器和设备

放大镜、记录本等。

2. 材料

可对学校校园内栽培的常见的以动物为媒介的开花植物进行观察,如白玉兰 (*Magnolia denudate*)、红叶李(*Prunus cerasifera*)、木芙蓉(*Hibiscus mutabilis*)、三角梅 (*Opuntia stricta* )、杜鹃(*Rhododendron simsii* )、虞美人(*Papaver rhoeas*)、矮牵牛 (*Petunia hybrida*)、一串红(*Salvia splendens*)等。

## 【操作建议】

1. 调查校园内开花植物的基本情况。应先了解植物在不同季节的开花状况,以便选择适宜的植物种类进行观察。如果本实验安排在早中春季(3—4月)进行,可选择白玉兰、红叶李、紫玉兰(*Magnolia liliiflora*)、杜鹃、郁金香(*Tulipa gesneriana*)、樱花(*Prunus serrulata*)、白兰花(*Michelia alba*)、迎春花(*Jasminum nudiflorum*)、海棠花(*Maulus spectabilis*)、棣棠花(*Kerria japonica*)等植物;如果安排在晚春、初夏季(5—6月)进行,可选择矮牵牛、月季(*Rosa chinensis*)等植物;如果安排在秋季,可选择桂花(*Osmanthus fragrans*)、木芙蓉、虞美人、矮牵牛、凌霄(*Campsis grandiflora*)、一串红、海桐花(*Pittoaporum tobira*)等植物;如果安排在冬季,可选择腊梅(*Chimonanthus praecox*)等植物。

2. 观察、记录植物的开花动态。一旦选定了所要观察的植物,就要对该植物的开花动态进行观察,主要观察内容有:①花序状态(单生花还是花序?若是花序,则是什么花序?)、花的着生状况(顶生或腋生)、花的形状等。②花的形态和结构特征:花冠直径、花瓣长度、花丝长度、花丝的着生方式、柱头形态、花药与柱头是否同时成熟等。

3. 观察开花植物与媒介生物之间的传粉协同关系。观察花的内部形态和结构与媒介生物的身体特征是如何相匹配的,如花的大小与媒介生物身体大小的匹配状况,花丝的长短、着生位置、给出花药的方式与媒介生物的活动方式、进出花途径的匹配状况,花吸引媒介生物的手段(花色? 香味? 花粉? 花蜜? 油脂? 或其他?),柱头展开的面积及黏着度等。

4. 观察、记录媒介生物的访花峰期。对新开的花进行跟踪观察(同个实验小组的同学可轮流进行),记录开花当天访花者(媒介生物)光顾的次数、密集光顾的时段,开花次日或以后几日访花者光顾的次数等。

5. 观察媒介生物的种类及携粉部位。同一朵花可能会有不同的访花者光顾,应仔细观察记录访花者的种类和次数,常见的有膜翅目、鳞翅目、双翅目的昆虫及鸟类(在世界其他地区还有兽类、爬行类),如蜜蜂、黄蜂、胡蜂、姬蜂、马蜂、木蜂、菜粉蝶、眼蝶、蝇类、蛾类等。还应观察这些媒介生物携带花粉的部位及携带的花粉量,媒介生物携带花粉部位不同,其携带的花粉量差异较大,直接影响到传粉的成效。

6. 记录上述观察结果并分析得出结论。综合观察记录上述传粉学特征,可以对植物通过媒介生物进行花粉传播的过程有比较清楚的认识,从中了解植物是如何适应媒介生物的形态特征和活动规律并依靠它进行传粉的,媒介生物又是如何适应花的形态、结构特征进行生活的,它们之间形成了怎样的种间有益关系。

**【实验注意事项】**

1. 在选择所观察的植物时,应重点选择花色艳丽、具有芬芳香味、花粉量较大、花期较长的单花或一个花序中的小花依次开放的植物,不应选择风媒花。

2. 为了便于观察,所选的植物以灌木、草本或小乔木为主。

**【实验拓展】**

实验拓展 1  外来入侵植物(或濒危、保护植物)的传粉学观察

本拓展方向主要考虑对不同性质的植物(如外来入侵植物、濒危植物、保护植物等)进行传粉学观察,这在实践中有广泛的应用前景。

外来入侵植物造成某些区域生物多样性下降、生态灾害频发。外来入侵植物之所以危害严重,其原因之一是它具有很强的繁殖和竞争能力,其中有许多植物是依靠媒介生物来传粉、结实的。因此,了解并掌握其传粉学特征,对于防止入侵植物的扩散有重要意义。

濒危植物和保护植物往往处在某个生态系统中的特殊位置,很多还可能是关键种。他们之所以濒危或需要人类的保护,其繁殖率低是较重要的原因。因此,了解并掌握这些植物的传粉学特征,对于保护生物学工作而言,其意义是不言而喻的。

〔实验材料的选择〕

外来入侵物种的观察对象可考虑加拿大一枝黄花(*Solidago canadensis*)、微甘菊(*Mikania micrantha*)、喜旱莲子草(*Alternanthera philoxeroides*)、水葫芦(*Eichhornia crassipes*)等。

濒危植物和保护植物的观察对象可考虑七子花(*Heptacodium miconioides*)、蓝果树(*Nyssa sinensis*)等。

〔供参考的实验流程〕

可参考上述"校园栽培植物的传粉学观察"内容。

〔实际应用〕

可应用于有害植物的防治及濒危植物的保护,还有助于生态农业种植技术的推广、养蜂业的发展等。

实验拓展 2　附生植物(或寄生植物)生长状况的生态学调查

本拓展方向是种间的不同关系及状态调查:附生植物与其附着的支撑物(在许多情况下,是其他直立的乔木或灌木植物)之间常形成偏利共生关系;寄生植物与寄主(也可能是其他植物)之间形成寄生关系。这对于理解不同物种间的共生、寄生关系,乃至处理好人与自然的辩证关系有重要意义。

〔实验材料的选择〕

附生植物生长状况的生态学调查,可选择常绿阔叶林(或落叶阔叶林)内不同木本植物上生长的苔藓植物、蕨类植物(或少数种子植物)为研究对象。

寄生植物生长状况的生态学调查,可选择在农田栽培的豆科植物上常寄生的菟丝子(*Cuscuta chinensis*)为研究对象。

〔供参考的实验流程〕

1. 调查附生植物生长样地的基本状况。调查项目包括样地面积、所处的海拔高度、地形状况、坡向、年降水量、群落类型、群落高度等。

2. 调查附生植物的类群及分布状况。调查项目包括附生植物的主要类群、分布在群落中的位置(生长在其他木本植物上的高度、朝向)、种群密度和分布格局(均匀? 随机? 集群?)等。

3. 调查附生植物生物量的积累速度。调查项目包括附生植物生长部位的光照强度、单位时间内附生植物干物质的积累速度(可以 1 个月或半年为单位时间),并与生长在地面上的同类群植物进行比较。

4. 附生在木本植物上的附生植物类群与生活在同一小生境内同类群植物进行生物多样性的比较。

5. 从上述调查中,得出附生植物附生的生态学意义,如干物质积累速度的快慢、生物多样性的丰富程度、与其生长的木本植物的种间关系等。

6. 寄生植物生长状况的生态学调查程序可参考上述关于附生植物的内容。应调查寄生植物所寄生对象(寄主)的分布面积、生长状况等;对于寄生植物本身,调查其种群密度、空间分布格局、干物质的积累速度(应参考寄主的生长周期)等。

〔实际应用〕

可用于生物多样性的保护等。

# 实验 2.5　种群密度的调查与估算

## 【实验目的】

1. 学会运用标志与重捕技术,并根据重捕数据估算种群数量。

2. 学会在野外自然环境中进行实验及通过实地测量收集所需要的数据,培养解决实际问题的能力。

## 【实验原理】

种群密度是指单位空间内某种群的个体数量。在多数情况下,对种群内个体逐一进行计数是不可能或没有必要的,我们常常只对种群中的一小部分进行计数,用来估算整个种群的密度。常用的种群调查方法可分为三种:样方法(square method)、标志重捕法(capture-mark-recapture method)和去除取样法(removal trapping method)。标志重捕法是生态学研究中广泛采用的估计动物种群数量大小的方法。它是在某调查地段中,捕获种群中的一部分个体,进行标记后在原地释放,经过一定时间(让标志动物与种群中其他动物充分混合)后进行重捕,根据重捕中标志个体的比例,估计该地段中种群个体的总数。其原理是标志动物在第二次抽样样品中所占的比例与所有标志动物在整个种群中所占的比例相同。通过标志重捕来估算种群数量的方法很多,例如 Lincoln 指数法、Schnabel 法、Jolly-Seber 法等,其中 Lincoln 指数法是常用的方法之一。

Lincoln 指数法主要适用于封闭种群的一次标志一次重捕的种群数量调查。封闭种群是指在种群调查期间,既无迁入也无迁出个体的种群。从种群中取 $M$ 个动物样本,加以标记,然后立即在原地释放。标记个体及未标记个体经过充分相互混杂的时间之后,第二次样本取 $n$ 只,结果其中有 $m$ 只标记个体。那么种群中个体数 $N$ 可用下式求得:

$$N = \frac{Mn}{m}$$

种群总数的 95% 置信区间为

$$(N - 2SE, \ N + 2SE)$$

SE 为标准误差,计算公式为

$$SE = N \sqrt{\frac{(N-M)(N-n)}{Mn(N-1)}}$$

根据种群数量的计算公式可以看出,标志重捕法成功的关键是保证总数中标志个体的比例与重捕取样中标志个体的比例相同,任何影响该比例的因素都会影响到实验的结果。因此,应用该方法时应做如下假设:

① 种群是封闭的(不发生出生、死亡、迁入和迁出);

② 取样时,所有动物以相同的概率被捕获;

③ 所做的标记对动物的捕获率没有影响;

④ 两次取样期间,所做的标记不会消失或脱落。

## 【实验仪器和材料】

1. 仪器和设备

捕虫网、指甲油或其他用丙酮或酒精溶解的易干有色漆、绳子、铁钉、卷尺、笔、记录本。

2. 材料

一般以昆虫为研究对象,常见的如蝗虫、蚱蜢、螳螂、菜粉蝶等。本实验以蝗虫为例。

## 【操作建议】

1. 选择样地及调查样地概况。一般选取地势开阔、平坦,蝗虫活跃的废弃农田、杂草丛作为调查地点。应记录样地面积、类型、周边环境状况、是否存在干扰因素等。

2. 划定调查地段,确定样方。根据调查对象划定调查地段的大小。调查地段应大小适中,面积过大费时费力,面积过小则失去调查意义。确定样方的一般原则有:随机取样;样本数量足够大;取样过程没有主观偏见等。

3. 分工合作,进行调查。调查时应 2～4 人为 1 组,其中 1 人专门负责记录,其他学生负责取样和标记,这样的合作使调查速度较快。

4. 标志一周后进行重捕,记录重捕中标记个体数与未标记个体数。用 Lincoln 指数法估算该样地蝗虫种群数量的大小。

5. 讨论该方法估算蝗虫种群密度的优缺点,及实验中可能对结果产生影响的因素。

## 【实验注意事项】

1. 要注意避免选有陡坡、深水塘、毒虫等安全隐患的地点作为样地。

2. 蝗虫的标志不能影响它的正常生活,且不能影响其第二次捕捉。

3. 选择所调查对象比较活跃的季节开展本实验。

## 【实验拓展】

实验拓展  植物种群密度及分布型的野外观测——样方法

该实验的拓展方向是以植物为研究目标。其原理及基本实验流程请参考上述"种群密度的调查与估算"的内容。

〔实验材料的选择〕

用样方法调查植物种群的密度时,应选择个体较为清晰的植物种类(个体不易辨别、难以计数的构件生物一般不选),如车前(*Plantago asiatica*)、北美车前(*Plantago virginica*)、蒲公英(*Taraxacum mongolicum*)、野塘蒿(*Conyza bonariensis*)、一年蓬(*Erigeron annuus*)及其他多种木本植物。

〔实际应用〕

种群密度的调查,在某种程度上可以判别一个物种的生存状态,某物种在单位空间内个体的多寡可以表明它生存质量的好坏。因此,本实验可应用于保护生物学领域和农、林业生产上对害虫的防治。

# 实验 2.6  动物种群在有限环境中 logistic 方程的拟合

## 【实验目的】

1. 了解种群在资源有限环境中的增长方式,理解环境对种群增长的限制作用。

2. 学会 logistic 模型的计算、logistic 曲线绘制及拟合方法,加深对 logistic 增长模型的特征的理解。

## 【实验原理】

当种群在一个资源有限环境中增长时,随着种群密度的上升,对有限空间内的资源和其他生活必需条件的种内竞争也将不断加剧,必然影响到种群的出生率和死亡率,从而引起种群实际增长率的降低,直至种群停止增长,甚至使种群数量下降。逻辑斯谛增长(logistic growth)是种群在资源有限环境下连续增长的一种最简单的形式,其数学模型为

$$\frac{\mathrm{d}N}{\mathrm{d}t}=rN\left(1-\frac{N}{K}\right) \qquad N=\frac{K}{1+\mathrm{e}^{a-rt}}(\text{积分式})$$

式中,$\frac{\mathrm{d}N}{\mathrm{d}t}$ 为种群在单位时间内的增长率;$N$ 为种群大小;$t$ 为时间;$r$ 为种群的瞬时增长率;$K$ 为环境容纳量;$a$ 为不定积分常数;$\mathrm{e}$ 为自然对数的底;$\left(1-\frac{N}{K}\right)$ 表示"剩余空间",即种群尚未利用的、可供种群增长继续利用的环境资源。

**【实验仪器和材料】**

1. 仪器和设备

光照培养箱、体视显微镜、250mL 三角烧瓶、50mL 量筒、血球计数板、0.1mL 及 0.5mL 移液管、滴管、干稻草、1kW 电炉、鲁哥式固定液等。

2. 材料

常用小球藻、草履虫为材料。本实验以草履虫为例。草履虫(*Paramecium* sp.),原生动物门纤毛纲的单细胞动物。它主要以细菌为食,同时也吞食有机质,培养和管理比较简单。个体较大,种群大小的观察、计数工作在体视显微镜下即可完成,操作简便,实验误差小。在 18～20℃适宜环境中,草履虫每天可分裂几次,种群增长速度快。

**【操作建议】**

1. 采集草履虫原液:草履虫喜光,多生活在有机质丰富、流动慢的污水河沟、水渠、池塘、湖泊等的水体和土壤中。用烧杯从上述生境中取水样,对着阳光可见瓶内有白色小点状动物游动,该水样即是草履虫原液。

2. 制备草履虫培养液(常用稻草提取液):取适量干稻草,剪成 3cm 左右长的小段,在 1000mL 铝锅中加水 800mL,将干稻草放入水中煮沸约半小时,直至煎出液呈淡黄棕色,将稻草煎出液冷却至室温后,过滤,即可作为草履虫培养液使用。或者根据学生的具体数量制备一定量的稻草提取液(煎煮时可放入少许小麦粒,以增加营养)。

3. 确定草履虫原液中的初始种群密度:用 0.1mL 移液管吸取 0.1mL 草履虫原液于血球计数板上,当在体视显微镜下看到有游动的草履虫时,再用滴管取 1 滴鲁哥式固定液于血球计数板上杀死草履虫,在体视显微镜下进行草履虫个体数量的统计。按照此方法重复取样,观察草履虫原液约 1mL,对所有计数的数值求得平均值,并以此推算出草履虫原液中种群的密度。

4. 取冷却后的草履虫培养液 100mL,置于 250mL 三角烧瓶中。经过计算,用 0.5mL 移液管吸取适量的草履虫原液加入提取液中进行培养,使培养液中草履虫的密度在 5～10 只·mL$^{-1}$,此时培养液中的草履虫密度即为初始种群密度。为了可靠起见,此时可以再检测一下容器中草履虫的种群密度。

5. 用清洁纱布和橡皮筋将实验用的三角烧瓶罩好,并做好本实验组标记,放置在 20± 2℃的光照培养箱中(或室温下)培养。

6. 实验记录:每天定时取 1mL 培养液,观察计量三角烧瓶中草履虫的个体数(方法同本实验的操作3),求出其平均数,直至三角烧瓶中草履虫个体数开始下降后的第二天结束

本实验。将每天的观测数据记录在表 2.8 中。

表 2.8  草履虫种群动态观测记录表

| 培养天数/d | 草履虫样本平均实测值/(只·mL$^{-1}$) | 草履虫种群估算值 N/(只·mL$^{-1}$) | $\left(1-\dfrac{N}{K}\right)$ | $\ln\left(1-\dfrac{N}{K}\right)$ | logistic 方程理论值 |
|---|---|---|---|---|---|
| 1 | | | | | |
| 2 | | | | | |
| 3 | | | | | |
| 4 | | | | | |
| 5 | | | | | |
| 6 | | | | | |
| 7 | | | | | |
| 8 | | | | | |
| 9 | | | | | |
| 10 | | | | | |

## 【实验注意事项】

1. 在草履虫原液中取样时,要将原液尽量混匀,保证取样时的误差较小。

2. 室外取得的草履虫水样中,可能存在几种草履虫,在实验前应将其分离,分别培养并选取一种草履虫进行实验。

## 【实验结果分析】

1. 环境容纳量 K 的确定。利用目测法求得 K 值。将记录得到的草履虫种群大小数据标定在以时间 t 为横坐标、草履虫种群数量 N 为纵坐标的平面坐标系上,得到散点图,由此可以看出种群增长的总趋势。从图上观察,最高数量值估计即为 K 值;或用三点法求得 K 值,其公式为

$$K=\frac{2N_1N_2N_3-N_2^2(N_1+N_3)}{N_1N_2-N_2^2}$$

式中,$N_1$、$N_2$、$N_3$ 分别为时间间隔基本相等的 3 个种群数量(要求时间间隔尽量大一些)。

2. 瞬时增长率 r 的确定。瞬时增长率 r 可以用回归分析的方法来确定。首先将 logistic 方程的积分式变形为

$$\frac{K-N}{N}=\mathrm{e}^{a-rt}$$

两边取对数,得

$$\ln\left(\frac{K-N}{N}\right)=a-rt$$

如果设 $y=\ln\left(\dfrac{K-N}{N}\right)$,$b=-r$,$x=t$,那么 logistic 方程的积分式可以写为 $y=a+bx$,此为一个直线方程。根据一元线性回归方程的统计方法,a 和 b 可以用下面的公式求得。

$$a = \bar{y} - b\bar{x}$$

$$b = \frac{\sum_{i=1}^{n}(x_i - \bar{x})(y_i - \bar{y})}{\sum_{i=1}^{n}(x_i - \bar{x})^2}$$

式中，$\bar{x}$ 为自变量 $x$ 的平均值；$x_i$ 为第 $i$ 个自变量 $x$ 的样本值；$\bar{y}$ 为因变量 $y$ 的平均值；$y_i$ 为第 $i$ 个因变量 $y$ 的样本值；$N$ 为样本数。

3. 绘制、拟合 logistic 曲线。将得到的草履虫种群大小数据标定在以时间 $t$ 为横坐标、草履虫种群数量 $N$ 为纵坐标的平面坐标系上，得到散点图，即可看出有限资源环境下草履虫实际增长值。将求得的 $a$、$r$ 和 $K$ 值代入 logistic 方程，则得到理论值。在同一个平面坐标系上标定理论值，绘制出 logistic 方程的理论曲线，检验理论曲线与实际值的拟合情况。

# 实验 2.7　植物的种内、种间竞争

## 【实验目的】

1. 认识什么是种内、种间竞争。
2. 了解竞争的特点和规律。

## 【实验原理】

竞争是指两个或两个以上的物种（也可以是种内多个个体）在所需的环境资源或能量不足的情况下发生的相互作用。在这种作用下，处于竞争的个体在生长和种群数量的增长等方面都会受到抑制。种间的竞争能力取决于种的生长习性和生态幅。而生长速率、个体大小、抗逆性、叶和根系的数目以及植物的生长习性等，也都会影响竞争能力。

## 【实验仪器和材料】

1. 仪器和设备

直径 $10 \sim 20$cm 左右的花盆、泥土、有机肥、标签等。

2. 材料

一般选用生长周期比较短的草本植物的种子进行培养，常用豌豆、大豆、油菜、小麦等。但应注意的是，在种间竞争实验中，所选择的两种植物，至少在幼苗阶段形态上差异较大，以便识别和区分。常使用豌豆—油菜、大豆—油菜、大豆—小麦、油菜—小麦等配对进行实验。

## 【操作建议】

1. 实验材料的遴选和培养盆的准备：野外采集或大田中采集或市场上购买的种子往往参差不齐，需要在实验前仔细遴选，一般应选择籽粒饱满、完整、大小均匀、发芽率高的种子。将泥土与有机肥充分拌匀（为了便于日后收获植物，建议用沙土培养），并装入花盆，花盆中土面约低于盆口 2cm。在每个花盆上贴上标签，注明培养方式、重复号和播种日期。

2. 种内竞争实验：主要依据"最后产量衡值法则"和"$-3/2$ 自疏法则"开展实验。在不同的培养盆中，设计不同的播种密度，一般分高、中、低密度。根据所选用培养盆直径的大小决定播种植物种子的数量。以直径为 10cm 的培养盆为例，高密度可考虑播 30 颗左右的种子(最后根据发芽状况,可删除部分出芽个体,保留 20 个个体);中密度可考虑播 18~20 颗左右的种子(最后根据发芽状况,可删除部分出芽个体,保留 10 个个体);低密度可考虑播 10~15 颗左右的种子(最后根据发芽状况,可删除部分出芽个体,保留 5 个个体)。每个密度至少应有 2 个重复(共 9 盆),置于常温下(或温室中)培养,定期浇水并适当交换位置。培养时间长短应根据当地的气温状况而定,日平均气温在 15℃以上,一般培养 20 天左右即可收获;若日平均气温在 15℃以下,一般培养 30 天以上视生长情况收获。

3. 种间竞争实验:在确定好物种配对后,一般以中密度方式播种种子数量(指最后保留的幼苗总数),且最好两个物种保留的个体数相同,便于与种内竞争比较。可设计三种竞争状态:①地下部分竞争(图 2.1a);②地上部分竞争(图 2.1b);③全方位竞争(图 2.1c)。每种状态至少应有 2 个重复(共 9 盆),置于常温下(或温室中)培养。培养时间与种内竞争相同。需每天观察、记录每种植物的生长状况,统计幼苗的成活情况。

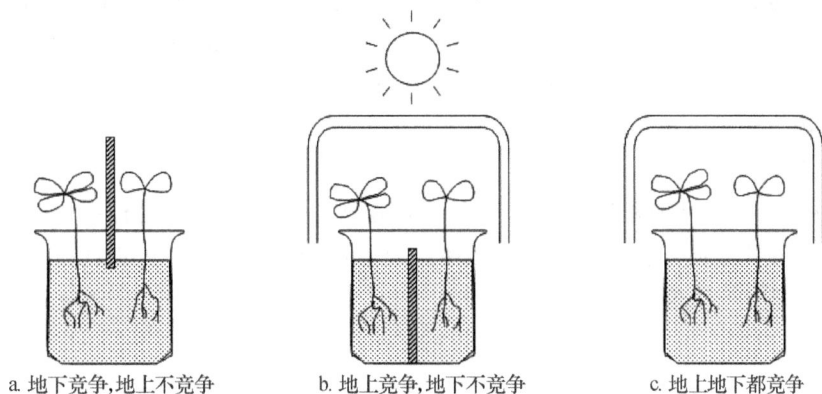

a. 地下竞争,地上不竞争　　b. 地上竞争,地下不竞争　　c. 地上地下都竞争

**图 2.1　种间竞争设计示意图**

4. 竞争结果判定及分析:在不损坏植物的前提下,仔细地将每个培养盆中的植物个体完整收获,洗去表面泥土,在烘箱中烘干,称量其干物质量。以每个个体的平均干物质量(生物量)作为指标,进行竞争结果的比较。一般认为,每个个体的平均生物量小,意味着为了竞争消耗的物质(或能量)就多,竞争也比较激烈,反之亦然。

**【实验注意事项】**

1. 实验时,尽可能保证各处理的光照、肥力、水分等实验条件均一。

2. 根据学校的具体实际,选用合适的实验材料。选用实验材料时,两种实验材料之间要容易区分。

3. 由于实验时间较长,可以让学生带回宿舍培养、观察和测量。

4. 种内竞争实验在收获时,可以将同密度培养的材料(同密度的三个培养盆中的植物)混在一起进行烘干、称量并计算其个体平均生物量。种间竞争实验在收获时,应将不同物种分开烘干、称量并计算其个体平均生物量。

**【实验拓展】**

实验拓展　动物的种间竞争——以草履虫为例

该实验的拓展方向是以动物为研究目标。其原理与植物种间竞争相同。

〔实验材料的选择〕

常以双小核草履虫—袋状草履虫、双小核草履虫—大草履虫为实验材料。培养基常用稻草提取液。

〔供参考的实验流程〕

1. 培养液的准备：请参考上述实验 2.6 的相关内容。

2. 实验动物的采集和准备：所用的实验动物常在野外采集。一般在有机质丰富、流动较慢的水沟或池塘中采集含草履虫的水样，带回实验室进行镜检、分离，将上述不同种的草履虫分开，分别在稻草提取液培养，培养于向阳处 5d 左右(具体视当时的气温而定)，以得到足够数量的草履虫。

3. 种间竞争：在三角烧瓶中加入 100mL 稻草提取液，将一定数量的两种实验动物(最好个体数相同)放入其中，置于室温下培养，每天定时镜检两种草履虫的数量，直至有一种草履虫消失(或所有草履虫因缺少能量而死亡)。

4. 分析探讨实验结果。

〔实际应用〕

种群竞争状况，在某种程度上可以反映一个物种的生存状态，某物种在特定环境因素下竞争能力的高低可以表明它生存质量的好坏。因此，本实验可应用于保护生物学领域和农业生产上农作物的栽培技术。

# 实验 2.8　土栖生物多样性调查

**【实验目的】**

1. 掌握土壤动物标本采集技术和土壤动物高级阶元的分类方法。

2. 熟悉并掌握常用动物物种多样性的测定方法及其生态学意义。

**【实验原理】**

土壤动物是指生活史全过程或某一发育阶段在土壤中度过，对土壤的形成、发育、肥力等有一定影响的动物。按在土壤中栖息层次的不同，土壤动物一般分为三个类型：真土层动物(生活于较深土壤中)、半土层动物(栖息于土壤上层、枯枝落叶层和腐叶层，典型的如螨类和跳虫等)和地表土层动物(如葬甲和徘徊性蜘蛛等)。土壤动物涉及的门类非常广泛，常可包括七八个动物门、数十个纲，由于各类土壤动物体型大小相差悬殊，微生境和活动方式也各有差异，因而采集调查方法也有所不同。土壤动物的采集主要用样方法：在一定面积的样方或样圆中，定量采集一定深度的土壤样品，然后根据不同土壤动物的特征采用不同的方法分离。

大多数土壤动物具有表聚性。一般说来，随着土壤深度增加，土壤动物的类群和数量逐渐减少。因此，土壤动物主要在地表(0～5cm)和地浅中层(5～20cm)进行采集，特殊情况下可在较深层(40～320cm)采集。

物种多样性(species diversity)是群落生物组成结构的重要指标,既可以反映群落组织化水平,又可以通过结构与功能的关系间接反映群落功能的特征。迄今为止,物种多样性指数大致可以分为三类:α-多样性指数、β-多样性指数和γ-多样性指数。本实验将采用被广泛接受的α-多样性指数来指导和分析土壤动物多样性的测定。

**【实验仪器和材料】**

土壤环刀、土壤采样铝盒、小铲子、样方框、大小布袋、塑料布、白瓷盘、大小镊子、吸虫管、标本收集瓶、指管、笔、记录本、标签纸、背包、干(湿)漏斗、体视显微镜、乙醇等。

**【操作建议】**

1. 样地选择:在校园内(或野外)的草地、林下、农田等生境中,选择土层较厚、疏松的地点作为实验样地,在样地内随机确定 50cm×50cm 的取样点 3 个。详细记录每个样地的地理位置、植被和环境特征、土壤类型等。

2. 取样层次:按 0~5cm、5~10cm 及 10~15cm 这 3 个土壤剖面层次取土壤样品(也可根据具体情况只取表层 0~5cm 中的土壤进行采集)。

3. 土壤动物的采集:大型土壤动物可直接用手捡法采集。用小铲子将样方内的枯枝落叶和表层 0~5cm 土壤挖出,放置于塑料布上,分批量放置在白瓷盘中,将肉眼可见的动物用镊子或吸虫管拣出,装入玻璃瓶中,贴上标签,用 75% 乙醇溶液保存(蚯蚓等洗净后放入)。中小型土壤动物的采集和鉴别,应将土壤样品带回实验室进行。

4. 土壤动物的实验室分离、鉴别:一般的小型土壤动物常采用 Tullgren 干漏斗法分离(请参考本书 1.1.4 内容)。中小型湿生土壤动物常用 Baermann 湿漏斗分离。土壤动物数量巨大,种类众多,根据动物体的形态特征分类到纲、目、科及属,就可以满足土壤动物生态学分析的需要(见附录),大致的分类可参考本书图 1.9。

5. 实验记录:详细记录每一样地、样方中土壤动物的种类和数量(表 2.9),将数据代入多样性指数方程中求值(表 2.10)。

**表 2.9 土壤动物调查记录表**

样方编号: 植被和环境特征: 土壤类型:
采集时间: 采集天气: 实验小组及采集人员:

| 数量<br>目 土层深度 | 0~5cm | 5~10cm | 10~15cm |
|---|---|---|---|
| | | | |
| | | | |
| | | | |
| | | | |

表 2.10　土壤动物物种多样性指数表

| 指数<br>数值<br>动物类群（目） | | $H'$ | $D$ | $E$ |
|---|---|---|---|---|
| | 0～5cm | | | |
| | 5～10cm | | | |
| | 10～15cm | | | |
| | 0～5cm | | | |
| | 5～10cm | | | |
| | 10～15cm | | | |
| | | | | |

## 【实验注意事项】

1. 做土壤剖面及手捡动物时，注意人身安全。

2. 样地通常具备如下条件：坡度不大，石头较少，人类活动干扰少，不在生境边缘，避开坑洼、蚁巢、树根及倒木等（如果是专题研究或微生境间的比较研究则另当别论）。不要在预备设置样方内走动或踩踏。

3. 采集的土样不宜久放，应尽快处理。

4. 分类检索土壤动物标本时，必须始终保持标本处于乙醇中，并注意小心操作，否则易毁坏标本。

## 【实验结果计算】

1. 辛普森多样性指数。

2. 香农-威纳指数。计算请参考本书 1.1.4 内容。

3. Pielou 均匀度指数。其计算公式为

$$E = H'/\log_x S$$

式中，$H'$ 为多样性指数；$S$ 为物种数目；$x$ 可根据具体需要取 10、e 等。

## 【实验结果分析】

1. 比较不同生境间、不同土壤剖面层中土壤动物物种多样性的差异，分析其原因。

2. 根据你实际采集到的标本，参考相关书籍，做土壤动物的检索表。

## 【实验拓展】

实验拓展　土壤中植物种子库的调查

本实验的拓展方向为土壤中植物种子（潜在的植物种群）多样性的调查，包括各种植物的种子（繁殖体）和丰富度。

土壤中植物种子库（seed bank）是存在于土壤表面或浅层土壤中全部存活种子的总称，是地上植物存在期间凋落的种子持续积累的结果（少数种子是动物从他处取食搬至此处贮存的），是潜在的植物种群。它在植物群落演替、更新过程中起重要作用。植物凋落的种子

有部分被动物摄食,有的因本身发育不良或待在土壤中长时间缺乏萌发机会而逐渐丧失活力。因此,种子库的大小、物种种类均会因时、空不同而发生变化。

〔实验材料的选择〕

1. 器材:挖掘土壤用的小铲子、2m 卷尺、装土用的布袋子或塑料袋、培养盆、样绳、土壤筛、喷水壶等。

2. 土样挖掘样地选择:可选择植物种类比较丰富的野外林地、杂草地(或校园内植物已生长多年的林地)。

〔供参考的实验流程〕

1. 取土壤样。

(1)样地选择:参考上述"土栖生物多样性调查"中的"操作建议"1 的内容。

(2)取样方法:常采用样线法。在样地中随机设置 1 条(或多条)长样线,样线每隔几米设置 1 个 1m×1m 的小样方,在该小样方取几组土样。也可以样线上每隔 0.5m 设置 1 个 0.2m×0.2m 的小样方,将该小样方的土壤取出。

另外还可采用随机法(在所研究的样地上随机取一定土样,该法适用于林地内植物生长比较均匀的情况)、小支撑多样点法(大样方分子样方,再分小样方,取样点分布在各级样方的中心)等。

(3)取样量:在土壤垂直面上分层取样,一般分 0~5cm、5~15cm 两层取土,样方数量多少应依据群落面积大小而定。

(4)取样时间:一般在 3—5 月份取样,研究经过冬眠后存活的种子库;10—11 月份取样,研究当年新凋落种子形成的种子库。

2. 种子的筛选和鉴定:对于颗粒比较大且从形态学上比较容易鉴别的坚果类种子,可用不同孔径的土壤筛分离鉴定;对于绝大多数种子,一般采用萌发法鉴定,即将土壤样放于培养盆中,在光照下培养,培养温度控制在 10℃ 以上,并适当浇水,直至种子萌发成幼苗,能够辨认出植物种类为止(一般需 20 天左右,长的需 1 个月以上。如果经过六周再无新的幼苗萌发,可结束实验)。

3. 记录样地内存活植物种子的种类和数量,并计算物种多样性指数。

〔实际应用〕

对植物种子库的调查研究,可以为植物群落(植被)的恢复提供理论依据。


# 实验 2.9　校园内植物群落物种多样性调查


【实验目的】

1.掌握植物群落的调查方法和测定不同植物种的数量特征的方法。

2.掌握不同植物群落的物种多样性指数(α-多样性指数)的计算方法,分析其 α-多样性指数差异程度及形成原因。

【实验原理】

生物多样性是指生物的多样化、遗传变异性以及物种生境的生态复杂性。生物多样性可以分为遗传多样性、物种多样性和生态系统多样性三个层次。其中,物种多样性可以反映出植物群落的复杂程度,物种组成是决定群落性质最重要的因素,也是鉴别不同群落类型的最基本特征。物种多样性包含两层含义:一是指一个群落(或生境)中物种数目的多寡,即丰富度;二是指一个群落(或生境)中全部物种个体数目的分配状况,即均匀度。

群落的物种组成(生物物种名录)调查可在一定面积的样方中进行,因此,样地的设置要有代表性,面积要合理。一般来说,构成群落的物种具有一定的数量特征,如密度、盖度、高度、干重、优势度、重要值等。

## 【实验仪器和材料】

手持式 GPS 接收机、便携式温湿度计、光量子计、快速便携式测墒计、标准样绳或皮尺(50m)、卷尺(2m)、剪刀、小铲子、天平、烘箱、记录本、样品袋等。

## 【操作建议】

1. 样地的选择

本实验在校园内进行。在踏查的基础上,根据校园的实际情况,选择不同类型的植物群落,如人工栽植的树林、灌丛、校园内的杂草群落等。其中,校园内或校园周边地区杂草群落易于选取,群落结构相对简单。本实验推荐杂草群落作为研究对象。校园内人工或半自然人工树林可作为本实验的拓展实验进行。选取两三种不同类型的典型杂草群落,按样方法设置 1m×1m 或 2m×2m 的样方。

2. 环境数据的获取

记录、测定每个样方中的生态因子数据,包括地理数据的采集、生境描述和一般生态因子的测定。

(1)生境描述:用手持式 GPS 接收机测定每个样方的经纬度和海拔高度,同时判断土壤类型及枯枝落叶层、群落内人为干扰等情况,将它们填入表 2.11 中。

表 2.11　植物群落样地基本情况调查表

| 调查者: | 样方号: | | 日期: |
|---|---|---|---|
| 植物群落类型: | | 样地面积: | |
| 地理位置:　经度 | 纬度 | | 海拔 |
| 土壤情况: | | | |
| 人为活动情况: | | | |

(2)主要生态因子的测定:①在每种类型的群落(或生境)内随机选取 3 个点,测定每点距地面 1.5m 高处的大气温度、大气湿度、光照强度,记录每次测定的数值,求出平均值。②在群落(或生境)内随机选取 3 个点,用快速便携式测墒计(土壤水分仪)测出每处的土壤容积含水量,求出平均值。将上述测得的数据填入表 2.12 中。

表 2.12 主要环境数据

| 样方号 | 重复数 | 大气温度/℃ | 大气湿度/% | 光照强度/$(\mu mol \cdot m^{-2} \cdot s^{-1})$ | 土壤容积含水量/% |
|---|---|---|---|---|---|
| ① | 1 | | | | |
| | 2 | | | | |
| | 3 | | | | |
| | 平均值 | | | | |
| ② | ... | | | ...... | |
| ... | ... | | | ...... | |

3. 杂草群落种类组成及特征的调查

调查样方内的植物种类组成,将样方内所有的植物进行科、属、种分类,编制一份群落的生物种类名单,统计样方内各物种的密度、高度等。然后,将样方内所有的植物全部挖出,带回实验室清洗干净,将其分装在不同的样品袋内,做好记号,置于 85℃ 的烘箱内烘 24h 至恒重,测定每种植物各植株(个体)的干重生物量。将上述数据记录在表 2.13 中。

表 2.13 群落种类组成及数量特征

| 样方号 | 种名 | 个体数/个 | 高度/cm | 生物量/g |
|---|---|---|---|---|
| ① | 1 | 1 | | |
| | | 2 | | |
| | | ... | | |
| | 2 | ... | ...... | |
| | ... | ... | ...... | |
| ② | ... | ... | | |
| ... | ... | ... | ...... | |

将密度、高度和生物量换算成相对密度、相对高度和相对生物量。计算公式如下:

$$相对密度 = \frac{样方内某一物种个体数}{样方内全部物种个体数之和} \times 100\%$$

$$相对高度 = \frac{样方内某一物种所有个体高度之和}{样方内全部物种个体高度之和} \times 100\%$$

$$相对生物量 = \frac{样方内某一物种所有个体生物量之和}{样方内全部物种个体生物量之和} \times 100\%$$

计算出相对密度、相对高度、相对生物量等指标后,记录于表 2.14 中,并计算各物种的重要值。重要值是可以描述各个物种在群落中的地位和作用。本实验由下式计算各物种的重要值:

$$重要值 = \frac{相对密度 + 相对高度 + 相对生物量}{3}$$

表 2.14 群落种类组成及数量特征

| 样方号 | 物种名称 | 相对密度/% | 相对高度/% | 相对生物量/% | 重要值/% |
|---|---|---|---|---|---|
| ① | 1 | | | | |
| | 2 | | | | |
| | … | | | | |
| ② | … | | …… | | |
| … | … | | …… | | |

4. 多样性指数的计算

α-多样性指数的计算公式很多(马克平,1994),本实验采用以下几种公式进行计算。

(1)物种丰富度指数

①Gleason 指数。其计算公式为

$$D_1 = S/\log_2 A$$

式中,$D_1$ 为 Gleason 指数;$S$ 为物种数目;$A$ 为单位面积。

②Margalef 指数。其计算公式为

$$D_2 = (S-1)/\log_2 N$$

式中,$D_2$ 为 Margalef 指数;$S$ 为物种数目;$N$ 为样方内全部物种的重要值之和。

(2)物种均匀度指数

Pielou 均匀度指数。其计算公式为

$$D_3 = -\sum_{i=1}^{s} (P_i \log_2 P_i)/\log_2 S$$

式中,$D_3$ 为 Pielou 均匀度指数;$S$ 为物种数目;$P_i = \dfrac{N_i}{N} = \dfrac{第\ i\ 个物种在样方中的重要值}{样方内所有物种的重要值之和}$。

(3)综合性指数

①辛普森多样性指数。

②香农—威纳指数。

以上两指数的计算请参考本书 1.1.4 内容。

计算出上述几种指标,将它们填入表 2.15 中。

表 2.15 各样方中丰富度、均匀度和物种多样性指数

| 样方号 | Gleason 指数 | Margalef 指数 | Pielou 均匀度指数 | 辛普森多样性指数 | 香农-威纳指数 |
|---|---|---|---|---|---|
| ① | | | | | |
| ② | | | | | |
| … | | | | | |

【实验注意事项】

1. 使用 GPS 接收机时,应避开建筑、密林、人群等障碍物,以免影响卫星信号的接收。

2. 使用快速便携式测墒计时,需将探测器完全插入被测介质中。

3. 用样绳(或皮尺、卷尺)确定样方时,需将样方边框拉直,边框与边框相互垂直,呈现

为完整的正方形。

4. 在挖取样方内植物种时,注意植株的完整性。

5. 在实际测量工作中,草本植物数目多,且禾本科植物多为丛生的,计数很困难,故采用每个物种的重要值来代替每个物种个体数目这一指标,作为多样性指数的计算依据。

## 【实验拓展】

实验拓展 1　植物群落多样性调查——以校园内人工树林为例

该实验的拓展方向为调查、分析校园内人工树林或半自然人工树林群落结构及其物种多样性。许多高校校园内具有成片的、演替时间较长、具有较完整垂直结构的人工栽植树林。相对于杂草群落,树林具有较复杂的地上成层现象(垂直结构),可以分为乔木层、灌木层和草本层三层,不同层次的物种多样性并不相同,特别是那些栽种时间较长、具有一定演替的人工林。人工树林群落结构和物种多样性计算不同于草本植物群落。

本实验通过测定校园内不同人工栽植树林内乔木层、灌木层和草本层三个不同层次物种多样性,使学生掌握森林生态系统内植物群落多样性的调查、计算方法。

〔供参考的实验流程〕

1. 实验地的选择:在校园内选择一两块不同类型的人工栽植树林,按标准选择样地。一般可选取 20m×20m 或 10m×10m 样方。若条件允许,建议选取 20m×20m 的样方,再将 20m×20m 的样方划分为 4 个 10m×10m 小样方,在将其中 1 个 10m×10m 小样方进一步划分为 4 个 5m×5m 更小样方。

2. 群落的生境描述及生态因子测定:参考上述"校园内植物群落物种多样性调查"中的"操作建议"2。

3. 乔木层数据调查:调查每个 10m×10m 小样方内乔木层物种的数目及群落的总郁闭度。统计每种乔木的株数、1.5m 处胸径(换算为胸高断面积,表示优势度)、树高。

4. 灌木层数据调查:调查其中 2 个 10m×10m 小样方内灌木层物种的数目。统计每种灌木的株数、盖度、树高。

5. 草本层数据调查:调查其中 1 个 5m×5m 样方内的草本植物,按上述"校园内植物群落物种多样性调查"中的杂草群落的调查方式进行。

〔操作要点〕

1. 不同层次物种的重要值计算方法不同。

乔木层物种的重要值＝(相对密度＋相对高度＋相对优势度)/3

灌木层物种的重要值＝(相对密度＋相对高度＋相对盖度)/3

草本层物种的重要值按上述"校园内植物群落物种多样性调查"中的杂草群落计算方式进行。

2. 选取上述"校园内植物群落物种多样性调查"中的物种多样性计算公式进行各层次的物种多样性计算和分析。

〔实际应用〕

对校园内人工栽植的树林各层次物种多样性的计算与分析,有助于今后开展野外自然条件下不同森林植物群落的多样性计算和群落结构的分析。

### 实验拓展 2　校园不同植物群落生态效益的调查

本实验的拓展方向为不同植物群落生态效益的调查与分析。植物群落与环境是不可分的。在任何一个植物群落的形成过程中,构成群落的植物不仅对环境具有适应能力,而且对环境也有巨大的改造作用,因此,植物群落在不同的发育和演替阶段,其群落内部的环境因子是不同的;并且,不同的植物群落,其群落内部的环境因子存在明显的差异。此外,植物群落在保护和净化环境上的生态效益也是显著的,主要表现在降温增湿,吸收有毒气体,滞留烟尘净化空气,降低环境噪音等。校园内不同的植物群落的类型或营建方式的差异,使它们产生的生态效益会有较大的差异。

本实验通过对校园内不同植物群落生态效益的测定,了解校园内不同地域空间上存在的生态效益的差异。同时,通过实验结果的分析,探讨如何更好地构建人工植物群落。

〔实验地和测试参数的选择〕

1.实验地的选择

在校园内选择不同类型植物群落(如树林、灌木林、草地),描述各类型植物群落的基本特征。

2.环境因子的测定

本实验测定的环境因子包括:光照强度,温、湿度,风速,$CO_2$、$O_2$、$SO_2$、$NO_x$、总悬浮颗粒物(TSP)、空气微生物含量等。

〔供参考的实验流程〕

1.在不同植物群落中,分别从各群落的边缘和内部各选取 5 个地点作为固定测定点。

2.分别测定地表和距地表 1.5m 处的光照强度、温度、空气湿度,并记录测定数据。

3.$O_2/CO_2$ 的测定:用 $O_2/CO_2$ 气体测定仪(CES－O2 型)测定不同群落边缘和内部的 $O_2/CO_2$。

4.$SO_2$ 的测定:用紫外荧光 $SO_2$ 监测仪或电导式 $SO_2$ 自动监测仪测定不同群落边缘和内部 $SO_2$。

5.$NO_x$ 的测定:用 GB/T15436-1995 氮氧化物测定法测定不同群落边缘和内部大气中的 $NO_x$。

6.总悬浮颗粒的测定(重量法):用 HBD5SPM4210－TSP 便携式气体悬浮物浓度测试仪测定不同群落边缘和内部大气中的总悬浮颗粒。

7.空气微生物的测定:可选用新型的固体撞击式多功能空气微生物检测仪(JWL－IIB 型)进行不同群落大气中细菌的采集和监测。

〔注意要点〕

1.选择的不同植物群落样地应具有代表性。其次,注意样地中边缘地带与中心地带的距离。

2.测定不同植物群落时,一定要在相同的时间段内进行,这样获得的数据才有可比性。其次,在选定采样时间时应当尽量避免周围环境对测定数据的干扰。

〔实际应用〕

通过实验结果的分析,比较校园内不同植物群落生态效益的异同,并为构建人工植物群落提供理论依据。

# 实验 2.10　　水体生态系统初级生产量的测定

## 【实验目的】

1. 以"黑白瓶"测氧法为例,学习测定水体初级生产量的原理和操作方法。
2. 学习估算水体初级生产量方法,为评价水体生产能力做准备。

## 【实验原理】

水体初级生产量是评价水体富营养化水平的重要指标。"黑白瓶"测氧法是根据水中浮游植物和其他具有光合作用能力的水生生物,利用光能合成有机物,同时释放氧的生物化学原理,测定水体初级生产量的方法。将注满水样的白瓶和黑瓶悬挂在采水深度处,曝光一定时间后,黑瓶中的浮游植物由于得不到光照只能进行呼吸作用,因此黑瓶中的溶解氧就会减少;而白瓶完全曝露在光下,瓶中的浮游植物可进行光合作用,因此白瓶中的溶解氧量一般会增加。假定光照条件下与黑暗条件下,生物的呼吸强度相等,可根据黑瓶与白瓶中溶解氧的变化,计算光合作用和呼吸作用的强度,并可间接计算有机物质的生成量。该方法所反映的指标是每平方米垂直水柱的日生产量。根据瓶中的溶解氧的测定值,可计算得出:

总产生的氧量＝白瓶溶解氧－黑瓶溶解氧(单位:$mg \cdot L^{-1} \cdot d^{-1}$)

## 【实验仪器和材料】

1. 仪器和设备

温度计、照度计、塞氏盘、5L 采水瓶、250mL 溶解氧瓶、便携式溶解氧分析仪等。

2. 试剂

浓硫酸、硫酸锰溶液、$0.01mol \cdot L^{-1}$硫代硫酸钠溶液、碱性碘化钾溶液、淀粉溶液。

## 【操作建议】

1. 取水样地选择和样地基本状况调查

取水样地应选择水面面积适当的水域,一般以 2000 $m^2$ 为宜(面积太小,研究意义不大;面积太大,少数几个取水样点不能反映水域的整体状况)。然后就取水样地的基本状况(平均水深,不同深度水体的温度、透明度、pH 值等)开展调查,做好记录。

2. 采水与挂瓶

根据所测得的水体平均深度,一般从水面到水底每隔 1～2m 挂 1 组瓶。为了测定光合作用指标,可在透明度的一半深度处挂 1 组瓶。例如透明度在 1.00m 左右,则应在 0.5m 处采水,并将瓶挂在相应的水深处。

每组取 4 个试剂瓶,包括黑瓶(DB 瓶)2 个、白瓶(LB 瓶)2 个。每次采水量应足够充满各瓶甚至溢出一部分,以保证各瓶中溶解氧与采水瓶中溶解氧一致。每组内各瓶应统一编号,并做特殊标记加以区分,以免混淆。

做好上述处理后,将各组瓶挂在水域中 24h。

3. 溶解氧的固定与测定

(1)溶解氧的固定:曝光结束,立即取出黑瓶和白瓶,加入 1mL 硫酸锰溶液和 1mL 碱性碘化钾溶液,充分摇匀,静置 3min,后加入 1mL 浓硫酸,盖紧瓶盖,颠倒混合,静置 5min。

(2)溶解氧的测定:取上述样品50mL置于锥形瓶内,用0.01mol·L⁻¹硫代硫酸钠溶液滴定,至变成淡黄色时,加入数滴淀粉溶液,继续滴定至蓝色刚褪去为止,记录硫代硫酸钠的用量V(各瓶中溶解氧的含量=1.6V),然后换算成有机物的量。

4．初级生产量的计算和结果分析

每一层次水体的总初级生产量＝白瓶中有机物的量－黑瓶中有机物的量

## 【实验注意事项】

1．测定工作最好在晴天进行。有条件的可逐月或逐季进行,如全年只测定一两次,应在7—8月中旬进行。

2．此方法常常因忽略细菌对氧的消耗,而低估了植物的初级生产量。

3．如光合作用很强时,形成的过饱和氧很多,在瓶中产生大的氧气泡不能溶于水,因此,在固定溶解氧时,应将瓶略微倾斜,小心打开瓶塞,加入固定液,再盖上瓶盖充分摇动,使氧气充分固定下来。

4．每个样瓶至少滴定2次,滴定用量误差不超过0.05mg。

## 【实验拓展】

### 实验拓展1　人工生态系统的稳定性监测

自然生态系统几乎都属于开放式生态系统,只有人工建立的完全封闭的生态系统才属于封闭式系统,不与外界进行物质的交换,但允许阳光的透入和热能的散失。本实验所建立的微型生态系统——生态瓶即属于封闭式系统。

将少量植物、以这些植物为食的动物及适量以腐烂有机质为食的生物(微小动物和微生物)与某些其他非生物物质一起放入一个广口瓶中,密封后便形成一个人工模拟的微型生态系统——生态瓶。由于生态瓶内系统结构简单,对环境变化敏感,系统内各种成分相对量的多少均会影响系统的稳定性。

〖实验材料的选择〗

金鱼藻(*Ceratophyllum demersum*)、小鱼、鲜活的鱼虫、无污染的淤泥、清洁无污染的河水等。

〖供参考的实验流程〗

1．实验材料的准备

金鱼藻、小鱼、鱼虫要鲜活,生命力强。淤泥要无污染,不能用一般的土来代替。沙子要洗净。河水清洁,无污染(自来水需提前3天晾晒)。

2．生态瓶的制作

(1)将少量淤泥平铺在广口瓶底,并加入适量的水,让水体逐步澄清。

(2)将洗净的沙子放入广口瓶,摊平,厚度约为1cm。

(3)将事先准备好的水沿瓶壁缓缓加入,加入量为广口瓶容积的4/5左右。加水时不要将淤泥冲出,以免水质变混。

(4)加入适量绿色植物。若是有根植物,可用长镊子将植物的根插入沙子中。

(5)加入适量鱼虫。水蚤易死亡,加入量要少。水丝蚓必须要加。

(6)加入小鱼2条(注意:金鱼的耐逆性很差,一般不采用)。

(7)将瓶口用凡士林密封,生态瓶制作完成。将制成的生态瓶放在太阳光下。注意光线不能太强,以免瓶内温度太高,影响生物的存活。每天定时观察瓶内情况,认真记录每一点变化。

### 实验拓展 2　池塘生态系统营养结构观测

生态系统是在一定的时间和空间范围内,在各种生物之间以及生物群落与其无机环境之间,通过能量流动和物质循环而相互作用的一个统一整体。生态系统的三大功能群——生产者、消费者和分解者通过最基本的食物与营养关系联系在一起。能量和营养是任何生物最基本的生活需要。生态系统中生物之间依取食和被食关系而形成的链状关系称为食物链;生态系统中所有生物依取食与被食关系而形成的复杂网状结构称为食物网。食物链和食物网构成生态系统的营养结构。

在本实验中,我们将通过采样辨别生物构成,查文献了解构成生物的营养特性,最后构建并分析所观测生态系统的营养结构。

〔实验材料的选择〕

塑料桶、样本瓶、剪刀、采泥器、浮游生物网、捞网、记录本、笔、温度计、流速计、透明度盘、塑料袋、金属筛、解剖镜、显微镜、水生动植物分类图鉴等。

〔供参考的实验流程〕

1.在本实验开始前要复习生态系统的概念、结构与功能的相关内容,并查文献了解流水与静水生态系统的环境特点、物种构成、生产量与功能特点等。

2.将学生分成两组,在学校附近分别找一个池塘,记录采样区域环境(温度、透明度、水深、流速等)数据后,分别用浮游生物网、采泥器、捞网等采集浮游生物、底栖生物、较大型水生动物与水生植物,将样本带回实验室进行分析。

3.在教师帮助下,借助图鉴、解剖镜和显微镜,对所采的样本进行分类,记录其大致量的多少。最后将不同生态系统中所有出现的生物种类总结在一起(可忽略微小的分解者)。

4.列出数量较多的各类群优势种类,由学生在课外去查文献,了解其生态习性,特别是食物特点。

5.根据各组采集的不同生态系统生物类群和文献检索结果,撰写研究报告,比较分析所观测的流水与静水生态系统的典型食物链与食物网构成。

# 第三部分

# 综合性实验

## 实验 3.1　入侵植物对本土植物的影响

### 【实验目的】

1. 了解入侵植物对本土植物生长发育的影响，深刻理解生态入侵概念及其入侵机制。
2. 掌握植物浸提液的提取、制备方法。
3. 学会用常规的数理统计方法比较和分析实验结果。

### 【实验原理】

　　生态入侵是当今人类社会面临的一个自然现象。生态入侵是指人类有意或无意的行为，将某物种带入到一个比较适宜其生长的区域，由此导致该种群数量不断增加，分布区面积不断扩大的生态过程。生态入侵的物种被称作入侵种，近年在我国常见的入侵植物种有加拿大一枝黄花、飞机草（*Eupatorium odoratum*）、北美商陆（*Phytolacca americana*）、喜旱莲子草、豚草（*Ambrosia artemisii folia*）、微甘菊和银胶菊（*Parthenium argentatum*）等。

　　生态入侵过程的实质包括两层含义：一是指侵物种的种群数量不断增加；二是指入侵物种的分布区面积不断扩大。一个物种能否成功入侵取决于物种本身的生物学特征（如生长速度、竞争能力、繁殖方式、繁殖能力、扩散能力）、环境的可入侵性（是否缺乏天敌、是否具有空的生态位、气候条件或与原产地的相似度）以及人类活动的干扰强度等。从生活史对策看，生态入侵的物种一般具有 r-对策。

　　在生态入侵过程中，入侵物种的生长能力较强，并能产生大量的种子；其次，入侵物种常具有强大的营养繁殖能力（主要通过根状茎的拓展生境）；再者，入侵物种常通过淋溶、挥发、残体分解和根系分泌向环境释放化学物质，对周围植物（包括微生物）产生间接或直接有害或有利的作用，即化感作用。

### 【实验仪器和材料】

1. 仪器和设备

小锄、剪刀、培养皿、蒸馏水、烧杯、电子天平、纱布、滤纸、镊子、记录本、恒温箱等。

2. 材料

在周边地区踏查，调查入侵植物种类和分布，可就近选取入侵物种，如加拿大一枝黄花、北美商陆、豚草、微甘菊和北美车前(*Plantago virginica*)等。然后再选取一些本地常见农作物,如萝卜、长梗白菜、番茄、辣椒、小麦等植物的种子供试(建议选取 1~2 种)。

【操作建议】

1. 取样:选取发育良好的正常入侵植物种若干株,分别采集各株植物地上的茎叶部分,并挖取其地下部分,洗净、自然风干后,混合,用剪刀剪成 1~2cm 碎片备用。

2. 浸提液的制备:称取剪碎的供体植物 50~100g,放入烧杯中,分别加 10 倍重量的蒸馏水浸泡 48h,其间可间歇振荡,三层纱布过滤后得到浸提液的原液(浓度为 0.100 $g \cdot mL^{-1}$)。

3. 浸种与培养:将供试的作物种子先用 0.5% 的硫酸铜溶液浸泡 1~2h 后,再用蒸馏水冲洗干净。事先用 0.15% 的福尔马林溶液对培养皿灭菌,然后在培养皿内放置滤纸或纱布,在每只培养皿中放入选好的 30~50 粒健康饱满、大小均匀的作物种子,然后将培养皿放入 22℃ 左右的恒温箱内进行培养。

4. 实验处理:入侵物种的地上部位和地下部位的浸提液均设 0.025$g \cdot mL^{-1}$、0.05 $g \cdot mL^{-1}$、0.075$g \cdot mL^{-1}$ 3 个浓度梯度,用蒸馏水作为对照(CK)。每种实验做 3 个重复。在种子发芽生长期间,每天分别用蒸馏水以及入侵物种的不同部位的不同浓度的浸提液浇灌处理。

5. 数据统计记录:在种子培养期间,每天定时记录不同处理作物种子的发芽数(以幼根达到种子长作为萌发标志),按下式计算种子发芽率。

$$发芽率 = \frac{种子发芽数}{种子数} \times 100\%$$

从第二天开始,测定幼根的长度(mm)、苗高(mm)数据,计算根伸长抑制率、下胚轴伸长抑制率等。每个处理重复 10 次取平均值,分别填入表 3.1~3.3 中。根伸长抑制率、下胚轴伸长抑制率分别用下式计算。

$$根伸长抑制率 = \frac{对照组根长 - 处理组根长}{对照组根长} \times 100\%$$

$$下胚轴伸长抑制率 = \frac{对照组下胚轴长 - 处理组下胚轴长}{对照组下胚轴长} \times 100\%$$

**表 3.1 不同处理浓度下作物种子发芽率(%)**

| 处理天数 | 处理数 | 0.025$g \cdot mL^{-1}$ | 0.050$g \cdot mL^{-1}$ | 0.075$g \cdot mL^{-1}$ | CK |
|---|---|---|---|---|---|
| 第一天 | 1 | | | | |
| | 2 | | | | |
| | 3 | | | | |
| 第二天 | … | | … | | |
| … | … | | … | | |

表 3.2　不同处理浓度下作物幼根生长长度(mm)

| 处理天数 | 平行组 | 重复数 | 0.025g・mL⁻¹ | 0.050g・mL⁻¹ | 0.075g・mL⁻¹ | CK |
|---|---|---|---|---|---|---|
| 第二天 | 1 | 1 | | | | |
| | | 2 | | | | |
| | | … | | | | |
| | | 平均值 | | | | |
| | 2 | 1 | | | | |
| | | 2 | | | | |
| | | … | | | | |
| | | 平均值 | | | | |
| | 3 | 1 | | | | |
| | | 2 | | | | |
| | | … | | | | |
| | | 平均值 | | | | |
| 第三天 | … | … | … | | | |
| … | … | … | … | | | |

表 3.3　不同处理浓度下作物下胚轴生长长度(mm)

| 处理天数 | 平行组 | 重复数 | 0.025g・mL⁻¹ | 0.050g・mL⁻¹ | 0.075g・mL⁻¹ | CK |
|---|---|---|---|---|---|---|
| 第二天 | 1 | 1 | | | | |
| | | 2 | | | | |
| | | … | | | | |
| | | 平均值 | | | | |
| | 2 | 1 | | | | |
| | | 2 | | | | |
| | | … | | | | |
| | | 平均值 | | | | |
| | 3 | 1 | | | | |
| | | 2 | | | | |
| | | … | | | | |
| | | 平均值 | | | | |
| 第三天 | … | … | … | | | |
| … | … | … | … | | | |

6.数据分析:将实验记录数据整理后输入电脑。用 Excel 或 SPSS 11.0 软件检验分析(one-way ANOVA)不同处理之间的发芽率、根伸长抑制率、下胚轴伸长抑制率等的差异,包括入侵植物的不同部位(地上和地下部位)的不同浓度的浸提液对作物种子萌发和生长的影响及其差异显著性检验。绘制不同浸提液浓度与各作物种子萌发率、根伸长抑制率、下胚轴伸长抑制率等指标之间的关系图。

## 【实验注意事项】

1.不同物种的记录观察时间略有不同,如萝卜、长梗白菜和小麦可连续记录 7 天,番茄和辣椒可以连续记录 14 天。

2.注意种子萌发后根和下胚轴的区别。发芽前(即实验第一天)幼根和下胚轴的界限并不明显,因此这两项指标从第二天开始计量。若幼根或下胚轴在生长过程中出现扭曲现象,可先用细线量出欲测指标的总长并做标记,然后用刻度尺测定。

## 【实验拓展】

### 实验拓展 1 入侵植物的群落结构调查

外来入侵种在自然、半自然生态系统中定居下来,常影响群落的组成和结构,引起生态系统多样性、物种多样性、生物遗传多样性的变化,最终可能导致生态系统功能退化。很多入侵植物以种子和根状茎繁殖,常抑制生境中其他植物的生长;同时,如果本地群落为外来种提供了适宜的生境条件,特别是有利于外来种群生活史中关键阶段(如种子萌发、幼苗生长、成年个体繁殖交配期)发展的生境条件,入侵种可以逐步扩展并发生大规模的爆发,在自然生态系统、农业生态系统,以及城镇庭院、城郊、撂荒地、河岸、公路、铁路沿线等广泛分布,最终形成单优势种群落。

在校园周边地区踏查,调查不同生境中入侵植物种类、空间分布格局、生长情况、危害程度、伴生植物种类、分布生境条件,通过群落学实验方法,了解植物入侵的趋势,比较分析入侵植物对群落结构的影响,最后提出合理的防控措施。

〔供参考的实验流程〕

1.文献资料查阅:通过文献资料,了解本地区危害严重的入侵植物 3～5 种,掌握其基本的生物生态学特性、入侵概况和防控对策。

2.踏查选择样地:选取 3～5 个不同程度遭受外来植物入侵的草本群落,同时选择一处没有入侵植物的草本群落。在每个群落中设置 3 个 1m×1m 样方。

3.按本书"校园内植物群落多样性调查"中介绍的方法,描述生境条件,测定生态因子,调查群落的种类组成,然后进行多样性计算。

4.分析入侵植物对群落结构的影响,包括各群落中物种种类、群落多样性、各物种的重要值。

5.分析各群落生境的土壤 pH 值、土壤含水量、土壤紧实度、光照状况等生态因子状况。另外,在条件允许的情况下,在所调查的不同入侵群落中用梅花形取样方法取土样,带回实验室,测定下列指标:土壤有机质、土壤全 N、土壤全 P、可溶性 P、土壤全 K、可溶性 K 等(每个样品应做 3 次重复分析)。

6.在分析入侵植物对群落结构及群落生态环境影响的基础上,提出防控对策。

〔实际应用〕

通过对校园及周边地区的外来入侵植物状况进行综合的群落学调查与分析,可以认识入侵植物对自然生态环境、生物多样性及农林业生产等造成的巨大损失,提高学生的生态学综合实验技能与环保意识。

### 实验拓展 2　入侵植物与本土植物的资源分配策略

生物在进化过程中,为了保证种群的适合度达到最佳水平,其生活史会发展出一种最适的生态对策(即生活史对策),并在生物量配置、能量投资、生殖对策等方面表现出来。

一般认为,在一个资源有限的环境中,植物所获得的物质和能量是有限的,投入到某一功能(生活史特征)的资源量增加必然会降低投入到其他功能的资源量,即在植物的生长、维持、繁殖等功能之间存在着"此消彼长"的权衡关系。而植物必须要权衡好这些方面的关系,才能使其适合度达到最高。生物量配置即是植物权衡其器官(根、茎、叶、花、果实)功能之间关系的一种表现。而生殖分配则是一定时间下植物权衡生殖和营养功能关系的具体体现。

本实验可在之前的实验拓展 1 的基础上进行拓展。通过对校园生境的实地踏查,调查入侵植物种类、分布、生长情况,伴生植物种类及入侵物种的危害程度,然后,选择入侵物种及群落内的其他伴生植物,测定这些物种在不同群落内的生物量配置格局及生殖分配状况,使学生了解入侵植物与本土植物的资源分配策略。

〔实验材料的选择〕

可选择之前的实验拓展 1 所调查的群落。

〔供参考的实验流程〕

1. 取样:选取生长状况一致或接近、发育良好的入侵植物 5~10 株,同时选取群落内的其他植物 5~10 株(如少于 5 株,则全取),将其连根挖起。

2. 样品处理和称重:将所取各物种的植株带回实验室后洗净,晾干,将植物分割成根、茎、叶、花、果实等部分,分装在不同的纸袋中,放置在 85℃ 的烘箱内烘 24h 至恒重,用电子天平称各器官干重,将数据记录在表 3.4 中。

表 3.4　各器官干重

| 生境 | 种名 | 个体数/个 | 根重/g | 茎重/g | 叶重/g | 花重/g | 果重/g |
|---|---|---|---|---|---|---|---|
| ① | 1 | 1 | | | | | |
| | | 2 | | | | | |
| | | … | | | | | |
| | | 平均值 | | | | | |
| | 2 | … | | | | | |
| | … | … | | | | | |
| ② | … | … | | | | | |
| … | … | … | | | | | |

3. 生物量配置和生殖分配:依据以下公式计算出各器官的生物量配置及生殖分配。

$$各器官生物量配置 = \frac{各器官干重生物量}{株生物量} \times 100\%$$

$$生殖分配＝\frac{繁殖器官干重生物量}{株生物量}×100\%＝花生物量分配＋果生物量分配$$

计算出每个个体的生物量配置和生殖分配后,填入表 3.5,求出每个物种种群各器官的生物量分配和生殖分配的平均值。

表 3.5　各器官生物量配置及生殖分配

| 生境 | 种名 | 个体数/个 | 根分配/% | 茎分配/% | 叶分配/% | 花分配/% | 果分配/% | 生殖分配/% |
|---|---|---|---|---|---|---|---|---|
| ① | 1 | 1 | | | | | | |
| | | 2 | | | | | | |
| | | … | | | | | | |
| | | 平均值 | | | | | | |
| | 2 | … | | | … | | | |
| | … | … | | | … | | | |
| ② | … | … | | | … | | | |
| … | … | … | | | … | | | |

4.数据分析:用 Excel 或 SPSS 11.0 处理数据,分析入侵物种在不同群落中的生物量配置和生殖分配的异同,以及同一群落中入侵物种与其他物种在生物量配置和生殖分配的异同,并用图表的形式表示出来。同时,探讨入侵物种与其他物种生物在资源分配和环境之间的关系。

〔操作要点〕

1.挖取植株时,注意保证植株的完整性。

2.在分割植物各器官时,不同的植物采用不同的处理方法。如一些莎草科、禾本科植物或菊科植物中的某些种,由于茎的短缩(如禾本科的分蘖),应特别注意分离。

3.有些植物的花和果实难以分开(如菊科的蒲公英),此时可将花和果实混在一起计算生物量配置,计为(花＋果)生物量配置,事实上即为生殖分配。

〔实际应用〕

入侵植物种类繁多,在生长发育过程中,其资源获取及配置特征应引起注意。该实验可让学生了解植物资源分配的研究方法。

# 实验 3.2　光周期对植物花期的调控作用

## 【实验目的】

1. 了解生物的光周期现象及光周期的诱导机理。

2. 了解植物光周期反应的类型。

3. 初步掌握利用光周期控制植物花期的基本技术。

## 【实验原理】

植物通过感受昼夜长短变化而控制开花的现象称为光周期现象。某些植物(如小麦、玉米等)每日接受光照的时间必须超过某个数值才能开花,被称为长日照植物;某些植物(如水稻、大豆等)每日接受光照的时间必须少于某个数值才能开花,被称为短日照植物。研究表明,叶是感受光周期影响的器官,叶内形成某些特殊的代谢产物,传递到生长点,导致生长点形成花芽。

植物在达到一定生理年龄时,经过足够天数(周期数)的适宜光周期处理,以后即使处于不适宜的光周期下仍然能开花,这种诱导效应叫做光周期诱导。植物所需的适宜光周期数,也会因植物种类、年龄及环境条件的不同而不同。如苍耳、水稻、浮萍等只需要 1 个短日照周期,其他短日照植物,如大豆需要 2~3d,菊花需要 12d;油菜、菠菜等需要 1 个长日照光周期,其他长日照植物,如天仙子需要 2~3d,拟南芥需要 4d,一年生甜菜需要 13~15d,胡萝卜需要 15~20d。当短于其诱导周期的最低天数时,不能诱导植物开花;而增加光周期诱导的天数则可加速花原基的发育,花的数量也增多。

本实验以短日照植物为材料,探讨光周期的光照时间和周期数对其蕾期或始穗期的影响。

【实验仪器和材料】

1. 仪器与设备

暗箱或暗室、日光灯、定时开关自动控制装置。

2. 材料

短日照植物(如大豆、苍耳、水稻、菊花等)的种子或幼苗。

【操作建议】

1. 材料选择

以大豆、水稻和苍耳为例,选择长出第一片复叶的大豆幼苗,或长出五六片叶的水稻或苍耳幼苗。

2. 实验处理

除对照组外,其余处理组在暗箱内进行。

(1)自然光照:为对照组。

(2)短日照:每日给予光照 8h,即通过定时开关设置每天早上 8 时至下午 4 时进行光照,周期数为 1 或 3 个,然后从暗箱移至自然光照处。

(3)长日照:每日给予光照 14h,即通过定时开关设置每天早上 5 时至下午 7 时进行光照,周期数为 1 或 3 个,然后从暗箱移至自然光照处。

3. 实验记录

记录上述植物在各种处理下的蕾期或始穗期。

【实验注意事项】

1. 培养环境的夜温应在 20℃以上。

2. 培养土质要好,适当浇水,使土壤保持一定的水分。

3. 大豆黑暗期需要超过 9.5~10h,至少两三个周期数;苍耳黑暗期需要超过 8.5h,至少 1 个周期数;水稻黑暗期需要超过 12h,至少 1 个周期数;菊花黑暗期需要超过 9h,至少 12 个周期数。

## 【实验拓展】

实验拓展 光照期和黑暗期在诱导植物开花中的作用

多数植物是依据黑暗期的绝对长度来作出开花反应的。所谓长日照植物实际上是它们的黑暗期不能超过其临界值;而所谓短日照植物实际上是说它们的黑暗期必须超过某临界值。然而,黑暗期的相对长度不是光周期现象中的决定因子。如果用短时间的黑暗打断光期,并不影响光周期成花诱导;但如果通过插入短时间的光照来中断黑暗期,则使短日照植物不能开花而继续营养生长,却诱导了长日照植物开花。

本实验的拓展方向为研究光照期和黑暗期在植物光周期诱导中的地位和作用。具体来说,就是在光照期中插入一个短暂的黑暗期,以打断光照期;或在黑暗期中插入一个短暂的光照期,以打断黑暗期,从而观察和了解黑暗期和光照期在诱导植物开花中的作用。此外,以相同的光照期/黑暗期比例,设置不同的光周期模式,从而初步了解黑暗期、光照期的绝对长度和相对长度对植物开花的重要性。

〔实验材料的选择〕

选择长出五六片叶的苍耳幼苗。

〔供参考的实验流程〕

1.实验处理

(1)间断白昼,即在短光照基础上每天中午12时至下午2时移入暗室(或用黑布罩住)间断白昼2h;

(2)间断黑夜,在短光照基础上,在夜间增加1h光照;

(3)在暗室内给予8/16的光周期;

(4)在暗室内给予4/8的光周期。

2.处理1~2个周期后,采用自然光培养,观察并记录蕾期。

〔实际应用〕

利用光周期控制观赏植物的开花时间。

# 实验3.3 不同生态系统中土壤有机质含量的测定

## 【实验目的】

1. 理解土壤在生态系统中的重要作用及土壤有机质对土壤生物的影响程度。

2. 了解土壤有机质含量测定的基本原理,掌握测定方法。

## 【实验原理】

土壤有机质是土壤中各种形态有机化合物的总称。它包括土壤中未分解和半分解的各种动植物残体、微生物代谢产物及其分解与合成的各种有机形态(腐殖质)三类物质。土壤有机质既是植物矿质营养和有机营养的源泉,又是土壤中异养型微生物的能源物质,同时也是形成土壤结构的重要因素。土壤有机质直接影响土壤的耐肥性、保墒性、缓冲性、耕性、通气状况和温度等,因此,土壤有机质是鉴别土壤肥力的重要标志。土壤有机质含量是指单位体积土壤中含有的各种动植物残体、微生物代谢产物及其分解合成的有机物质的数量,一般以有机质占干土重的百分数表示。

目前，土壤有机质含量的测定常使用重铬酸钾容量法。其原理是在加热并有硫酸存在的条件下，用过量的重铬酸钾溶液氧化土壤中的有机碳，多余的重铬酸钾用标准的硫酸亚铁溶液进行滴定，根据消耗掉的重铬酸钾的量来间接计算土壤中有机碳的含量，进而根据土壤中有机质与有机碳的比例（即换算因数）计算土壤中有机质的含量。目前，我国多采用 Van Benmmelen 换算因数计算土壤中有机质的含量，即土壤有机质中平均含碳量占 58%，所以用有机碳的分析结果乘以 1.724 即换算成土壤有机质的含量。此外，采用重铬酸钾法并不能完全氧化土壤中的有机化合物，因此需要用一个校正系数来校正未反应的有机碳的含量，一般认为该方法所氧化的有机碳仅为实际含量的 90%，即校正系数为 1.1。该方法具体反应过程如下：

氧化反应　　$2K_2Cr_2O_7 + 8H_2SO_4 + 3C \longrightarrow 2Cr_2(SO_4)_3 + 2K_2SO_4 + 3CO_2 + 8H_2O$

滴定反应　　$K_2Cr_2O_7 + 6FeSO_4 + 7H_2SO_4 \longrightarrow Cr_2(SO_4)_3 + 3Fe_2(SO_4)_3 + K_2SO_4 + 7H_2O$

在滴定的过程中，使用邻啡罗啉氧化还原指示剂来指示滴定终点。邻啡罗啉指示剂变色的氧化还原标准电位为 1.14V，要求浓度为 $4\sim6$ mol·$L^{-1}$。在反应过程中，邻啡罗啉分子可与亚铁离子络合，形成红色的邻啡罗啉亚铁络合物 $[Fe(C_{12}H_8N_2)_3]^{2+}$，当遇到强氧化剂时，则变为淡蓝色的正铁络合物 $[Fe(C_{12}H_8N_2)_3]$。在整个反应过程中溶液颜色的变化表现为：滴定开始以重铬酸钾的橙色为主，滴定过程中出现了 $Cr^{3+}$ 的绿色，与正铁络合物的淡蓝色混合，溶液呈现蓝绿色，当过量的重铬酸钾强氧化剂消耗完毕，标准硫酸亚铁过量半滴，溶液呈现亚铁络合物的棕红色，表示已到滴定终点。

**【实验仪器和材料】**

1. 仪器和设备

分析天平、硬制试管（18～80mm）、油浴锅、铁丝笼、温度计（0～200℃）、电炉、滴定管、5mL 移液管、漏斗、三角瓶、量筒、草纸或卫生纸等。

2. 材料

(1) 0.1333mol·$L^{-1}$ 重铬酸钾溶液：称取经过 130℃烘 3～4h 的分析纯重铬酸钾 39.216g，溶解于 400mL 蒸馏水中，必要时可加热溶解，冷却后加蒸馏水定容到 1000mL，摇匀备用。

(2) 0.2mol·$L^{-1}$ 硫酸亚铁或硫酸亚铁铵溶液：称取化学纯硫酸亚铁 55.60g 或硫酸亚铁铵 78.43g，溶于蒸馏水中，加 6mol·$L^{-1}$ 硫酸 1.5mL，再加蒸馏水定容到 1000mL 备用。

(3) 硫酸亚铁溶液的标定：准确吸取 3 份 0.1333mol·$L^{-1}$ 重铬酸钾标准溶液各 5.0mL 于 250mL 三角瓶中，各加 5mL 6mol·$L^{-1}$ 硫酸溶液和 15mL 蒸馏水，再加入邻啡罗啉指示剂 3～5 滴，摇匀，然后用 0.2mol·$L^{-1}$ 硫酸亚铁溶液滴定至棕红色为止，其浓度为

$$c = 6 \times 0.1333 \times 5.0 / V$$

式中，$c$ 为硫酸亚铁溶液的摩尔浓度，mol·$L^{-1}$；$V$ 为用去的硫酸亚铁溶液的体积，mL；6 为 6mol 硫酸亚铁与 1mol 铬酸钾完全反应的摩尔系数比值。

(4) 邻啡罗啉指示剂：称取化学纯硫酸亚铁 0.695g 和分析纯邻啡罗啉 1.485g 溶于 100mL 蒸馏水中，贮于棕色瓶中备用。

(5) 石蜡（固体）或磷酸或植物油 2.5kg。

(6) 6mol·$L^{-1}$硫酸溶液:在 2 体积水中加入 1 体积硫酸。

(7) 浓硫酸:化学纯,密度为 $1.84\times10^3$kg·$m^{-3}$。

**【操作建议】**

1. 采集不同类型生态系统(如森林生态系统、农田生态系统、城市生态系统等,根据情况自行选择两三种;或在某山地的阴坡和阳坡分别选取坡谷、坡麓、坡中、坡顶 4 个生境)的土壤样品,准确称取通过 60 号筛的风干土样 0.1~0.5g(称取的量依据有机质含量而定),放入干燥的硬制试管中,用移液管准确加入 0.1333mol·$L^{-1}$重铬酸钾溶液 5mL,再用量筒加入浓硫酸 5mL,小心摇匀。

2. 在试管上加一小漏斗,将试管插入铁丝笼内,放入预先加热至 185~190℃的油浴锅内,此时将温度控制在 170~180℃,自试管内大量出现气泡开始计时,保持溶液沸腾 5min,取出铁丝笼,待试管稍冷却后,用草纸擦净试管外部油液,放凉。

3. 经冷却后,将试管内溶物洗入 250mL 的三角瓶中,使溶液的总体积达 60~80mL,加入邻啡罗啉指示剂 3~5 滴,摇匀。

4. 用标准的硫酸亚铁溶液滴定,溶液颜色由橙红(或黄绿)经绿色突变到棕红色即为终点,数据记录在表 3.6 中。

5. 在滴定样品的同时,必须做两个空白实验,取其平均值,空白实验用石英砂或灼烧的土代替土样,其余步骤同上。

表 3.6　滴定所消耗的试剂量

| 标准硫酸亚铁浓度 $c$/(mol·$L^{-1}$) | 空白实验消耗的硫酸亚铁溶液的体积 $V_0$/mL | 待测土样消耗的硫酸亚铁溶液的体积 $V$/mL | 烘干土重 $m$/g |
|---|---|---|---|
| | | | |
| | | | |

6. 有机质含量计算

$$P=c(V_0-V)\times0.003\times1.724\times1.1/m$$

式中,$P$ 为有机质含量,g/kg;$c$ 为标准硫酸亚铁的摩尔浓度,mol·$L^{-1}$;$V_0$ 为空白实验消耗的硫酸亚铁溶液的体积,mL;$V$ 为待测土样消耗的硫酸亚铁溶液的体积,mL;$m$ 为烘干土重,g;0.003 为 0.25mmol 碳的克数;1.172 为由土壤有机碳换算成有机质的换算系数;1.1 为校正系数(用此法氧化率为 90%)。

**【实验注意事项】**

1. 注意硫酸具有强腐蚀性。

2. 土壤采集需具代表性。对于每个生态系统或生境的土壤,取三四个 50cm×50cm 的样方,每个样方分 4 层(可根据具体情况设定):0~5cm、5~10cm、10~15cm 和 15~20cm。

**【实验拓展】**

实验拓展　土壤有机质含量与土壤动物间的相互作用

在土壤生态系统中,土壤的理化性质(如有机质含量等)能够影响土壤动物的种类、丰度和分布等;反之,土壤动物能够改变或改善土壤的理化性质:两者是相互作用和相互影响的。

随着农业的大力发展和土地资源的城市化,土壤的结构和组成发生了不同程度的变化。例如,土壤动物与农业耕作制度及管理方式密切相关,农业耕作或施肥在改变了土壤某些理化性质的同时,也改变了土壤动物生存的环境,导致土壤动物种类的复杂程度和总数量减少。土壤动物区系和土壤动物多样性的研究也已经成为土壤生态学研究的热点和前沿。

本实验的拓展方向为研究土壤有机质含量对土壤动物的生物多样性或对某种土壤动物的种群密度的影响,同时也涉及某种或多种土壤动物的接种对土壤有机质含量的影响。

〔实验材料的选择〕

可从农田或其他生态系统的土壤内捕捉的某种大型土壤动物,如蚯蚓等。

〔供参考的实验流程〕

1. 土壤有机质含量对土壤动物的生物多样性和种群分布的影响

(1)采集某种生态系统或不同生态系统的土壤,采集方法参考上述"不同生态系统中土壤有机质含量的测定"的内容。

(2)分离特定土层内的土壤动物,计算土壤动物的生物多样性,以及某种土壤动物的种群密度和年龄结构。

(3)测定特定土层的有机质含量。

(4)统计各土层有机质含量或不同生态系统土壤有机质含量对土壤动物的多样性和分布的影响,以及对某种土壤动物的种群密度、分布特征和年龄结构的影响。

2. 某种或多种土壤动物对土壤有机质含量的影响

(1)将采集到的土壤置于花盆或其他透气性较好的容器内,共分4个处理组,每组含3个平行组(3盆土壤)。测定该土壤的初始有机质含量。

(2)4个实验处理:第1组为对照;第2组花盆内添加定量的面包片等有机物(可作为蚯蚓的食物);第3组花盆内接种一定量的蚯蚓(50～200条/盆),但不添加食物;第4组花盆内接种蚯蚓并定量提供食物。根据环境温度和食物利用情况,确定处理时间。

(3)实验处理后土壤有机质的测定:如在室温(25℃)条件下,约1～2周(或隔周,或持续数周)后测定土壤有机质的含量。

(4)利用统计学软件比较接种蚯蚓或添加食物(外源有机物质)对土壤有机质含量的影响,分析这两种因素之间的交互作用。也对各处理组蚯蚓的数量和质量进行统计,分析种群动态与土壤有机质含量变化的关系。

〔操作要点〕

1. 土壤的条件要适合蚯蚓生长。避开阳光直射,适时浇水,使土壤保持一定的湿度。

2. 花盆或其他容器的容积适中,能防止蚯蚓外逃。单位重量土壤内蚯蚓的数量(或质量)需尽量一致。

3. 蚯蚓喜食淀粉含量高的食物。

4. 在测定土壤有机质含量前,应去除土表残留的食物,并将蚯蚓从土壤中挑出。

〔实际应用〕

利用土壤动物来改良土壤结构。

# 实验 3.4　重金属污染对植物叶绿素含量的影响

## 【实验目的】

1. 了解重金属污染对叶绿素含量的影响。
2. 掌握叶绿素含量的测定方法。
3. 了解叶绿素含量在重金属胁迫条件下的变化趋势。
4. 绘制重金属浓度与叶绿素含量的剂量效应曲线。

## 【实验原理】

高等植物叶绿素分叶绿素 a 和叶绿素 b,其含量的高低是反映植物光合能力的一个重要指标。叶绿素含量的变化可以反映污染对植物光合作用的影响。

重金属污染是当今世界上备受重视的一类公害。一方面,当重金属离子进入植物体时,它一会抑制原叶绿素酸酯还原酶的活性,二会影响 δ-氨基-γ-酮戊酸的合成,而这两种物质又是叶片合成叶绿素所必需的酶和原料,从而使叶绿素含量下降;另一方面,重金属毒害会引起叶绿体在叶肉细胞中排列紊乱、细胞内膜结构破坏,这也会导致叶绿素含量降低。

## 【实验仪器和材料】

1. 仪器和设备

培养皿、光照培养箱、电子天平、剪刀、研钵、滤纸、容量瓶、漏斗、分光光度计等。

2. 材料

(1)植物种子:根据当地环境和实验条件选择合适的植物种子。本实验推荐用小麦种子。

(2)试剂:用去离子水配制 $Cd^{2+}$(硝酸铅)或 $Cr^{6+}$(重铬酸钾)的系列溶液(浓度分别为 0、10、25、50、100mg・$L^{-1}$)。

## 【操作建议】

1. 实验材料的准备:小麦种子经 5% NaClO 溶液消毒 15min 后,用去离子水冲洗数次,在 20℃浸种 12h,然后挑选饱满一致的种子转移至铺有双层湿滤纸的 20cm 培养皿中,置光照培养箱中培养。

2. 染毒处理:待小麦长出 2 片真叶后,标记培养皿,分别用 5 个不同浓度的重金属溶液处理。每个浓度做 3 个平行处理。每 2 天用蒸馏水冲洗 1 次,再用原相应浓度的重金属溶液培养。另外,应设置对照组。各个浓度的小麦苗培养 1 周后,即可进行叶绿素提取分析。

3. 叶绿素的提取:称取植物叶片 0.1～0.5g,剪碎放入研钵中,加入少量石英砂,将叶片研成糊状。用 80% 丙酮溶液分批提取叶绿素,直到残渣无色为止。将丙酮提取液过滤后定溶至 50mL。

4. 叶绿素的测定:以 80% 丙酮溶液为对照,分别测定在波长为 663nm、645nm 处提取液的吸光度。如果浓度较高,可以用 80% 丙酮溶液适当稀释后再测定。可根据下列公式求算叶绿素 a、叶绿素 b 及总叶绿素的浓度。

$$c_a = 12.7 A_{663} - 2.69 A_{645}$$

$$c_b = 22.9\,A_{645} - 4.68\,A_{663}$$
$$c_T = c_a + c_b = 8.02\,A_{663} + 20.21\,A_{645}$$

式中,$c_a$、$c_b$、$c_T$ 分别为叶绿素 a、叶绿素 b、总叶绿素的浓度,$mg \cdot L^{-1}$;$A_{663}$、$A_{645}$ 分别为提取液在 663nm、645nm 处的吸光度。

5. 实验记录及分析:叶绿素的测定结果记录在表 3.7 中,每个处理组的最终结果用"平均值±标准误差"表示,并用 F 检验分析不同处理组间的差异性。根据表 3.7 中的数据,利用 Excel 作出相应的统计图形和剂量效应曲线。

表 3.7　重金属处理结果

| 重金属溶液浓度 /(mg·L$^{-1}$) | 平行组 | $A_{663}$ | $A_{645}$ | $c_a$ /(mg·L$^{-1}$) | $c_b$ /(mg·L$^{-1}$) | $c_T$ /(mg·L$^{-1}$) |
|---|---|---|---|---|---|---|
| 0 | A | | | | | |
| | B | | | | | |
| | C | | | | | |
| | 平均值±标准误差 | | | | | |
| 10 | A | | | | | |
| | B | | | | | |
| | C | | | | | |
| | 平均值±标准误差 | | | | | |
| 25 | A | | | | | |
| | B | | | | | |
| | C | | | | | |
| | 平均值±标准误差 | | | | | |
| 50 | A | | | | | |
| | B | | | | | |
| | C | | | | | |
| | 平均值±标准误差 | | | | | |
| 100 | A | | | | | |
| | B | | | | | |
| | C | | | | | |
| | 平均值±标准误差 | | | | | |

## 【实验注意事项】

1. 叶绿素提取过程中应尽量避免光照,以免叶绿素见光分解。同时可适当加温以加快提取速度,但要补充因挥发而减少的丙酮。

2. 有些植物材料细胞间质的酸度很高,在磨碎过程中会使叶绿素脱镁成为去镁叶绿素,从而降低了测定值。因此,在磨碎这些材料时要加入 pH＝8.0 的缓冲液一起研磨,并适当提高丙酮浓度,使混合后的丙酮浓度达到 80%。

3. 由于叶绿素 a 与叶绿素 b 的吸收峰波长仅相差 18nm(663nm－645nm),仪器波长稍有偏差,就会使结果产生很大偏差,因此最好能用光分辨率高的分光光度计,如 751 型。

## 【实验拓展】

实验拓展　利用叶绿素指标筛选尾矿中的耐铅植物

该实验的拓展方向为根据不同植物叶绿素对重金属的不同响应,初步筛选重金属的耐受性植物。

随着人们对环境保护的日益重视,迫切需要寻找在不破坏土壤物理化学性质的前提下治理重金属污染的新途径,其中植物修复是首选方法。露天堆积的金属尾矿是非常严重的污染源,能够在其上面自然定居的植物必然对重金属有一定的耐受性。将这类植物种植于重金属污染地,使其富集重金属,经几次收割后,土壤中的重金属水平显著减少,从而达到修复土壤的目的。

本实验将通过温室沙培的方法,对生长于铅锌尾矿区的一系列植物进行筛选。由于叶绿素是植物进行光合作用的物质基础,叶绿素含量的变化必然影响植株的正常发育。当重金属处理组的植物叶片的叶绿素含量明显低于对照组时,说明该种植物的生长已受重金属的影响;否则说明该植物对重金属污染具有较强的耐受性。因此,本实验选择叶片的叶绿素含量作为初步筛选重金属耐受性植物的指标。

〔实验材料的选择〕

供试植物:选择铅锌尾矿废弃地上的自然物种 5～20 种。采集植物种子,苗床育苗。待幼苗长出 1 片真叶,从苗床上挖取长势一致的幼苗,用蒸馏水洗净根系泥土,供栽培用。

实验用沙:市售建筑用沙过 2mm 筛,用 2% $HNO_3$ 溶液浸泡过夜,用蒸馏水洗干净,500g 装 1 盆。

〔供参考的实验流程〕

1.每盆栽植幼苗 2 棵,喷洒 Hoagland's 营养液[1]。

2.幼苗正常培养 20d 后,对植物浇灌醋酸铅处理液(400mg・$L^{-1}$),每种植物品种做 3 个重复盆,每个品种均设有空白对照。

3.培养 60d 左右,采集植株叶片,测定叶绿素值,具体测定方法参考上述"重金属污染对植物叶绿素含量的影响"中的内容。

〔操作要点〕

1.在对植株浇灌营养液或铅处理液时,每次浇灌量和浇灌次数应尽量一致。

2.采集植物叶片时,为使结果有可比性,最好在植株固定位置采样,或取植株数个位置的叶片做一个混合样品。

〔实际应用〕

为筛选重金属耐受性植物提供依据。

---

〔1〕 Hoagland's(霍格兰氏)营养液配方:硝酸钙(945mg・$L^{-1}$)、硝酸钾(607mg・$L^{-1}$)、磷酸铵(115mg・$L^{-1}$)、硫酸镁(493 mg・$L^{-1}$)、铁盐溶液(2.5mL/L)、微量元素(5mL/L),pH＝6.0。其中铁盐溶液的组成为:七水硫酸亚铁(2.78g)、乙二胺四乙酸二钠(3.73g)、蒸馏水(500mL),pH＝5.5;微量元素液的组成为:碘化钾(0.83mg・$L^{-1}$)、硼酸(6.2mg・$L^{-1}$)、硫酸锰(22.3mg・$L^{-1}$)、硫酸锌(8.6 mg・$L^{-1}$)、钼酸钠(0.25mg・$L^{-1}$)、硫酸铜(0.025mg・$L^{-1}$)、氯化钴(0.025mg・$L^{-1}$)。

# 实验 3.5　水生植物对水体污染的净化作用

## 【实验目的】

1. 学习和掌握水体污染常规指标的测定方法。
2. 熟悉不同种类的水生植物对水体污染的净化能力。
3. 了解不同性质污染水体的生物学处理方法。

## 【实验原理】

水体污染的性质与污染物的性质有直接关系。含重金属盐的印染废水、制革废水、电镀废水和农药、除草剂等可造成水体的毒污染;含高浓度氮、磷的生活废水可造成水体的富营养化。针对不同性质污染的水体,净化处理的方法也有区别。

不同种类的水生植物对毒污染和富营养化的净化能力也不同。某些水生植物以富集有毒物质为主,有些则以降解有毒物质为主。即使是以富集方式为主的水生植物,富集能力也相差很大,富集的能力的高低可通过检测处理前后水生植物体内某些指标的含量得知。水体中的氮、磷是水生植物生长的必需元素,它们被植物吸收后进入代谢过程,一般不会产生二次污染。但是,许多重金属和部分农药、除草剂等不易分解,即使进入植物体,仍将积累在植物体内,随着水生植物的死亡腐烂又将回归水体,容易造成二次污染;如果将水生植物捞至地面又易造成土壤污染。因此,一般将富含上述物质的植物烘干燃烧成灰分集中深埋处理。

水体污染的性质和程度可通过许多常规指标(如水中溶解氧含量、氨氮含量、总磷含量、pH 值、某种重金属含量等)的检测得到了解。本实验建议检测水中溶解氧含量、氨氮含量和 pH 值,在有条件的实验室,还可以检测总磷含量和多种重金属含量。

通过本实验,可以了解不同种类的水生植物对不同性质水体污染的净化能力,为今后利用生物学手段处理水污染打下基础。

## 【实验仪器和材料】

1. 仪器和设备

pH 计、分光光度计、玻璃培养缸($50cm \times 30cm \times 50cm$)、溶解氧瓶、三角瓶、滴定管、水样采集器等。

2. 材料

(1)可选用在我省各地广泛分布的水葫芦、金鱼藻、黑藻(*Hydrilla verticillata*)、眼子菜(*Potamogeton distinctus*)、小茨藻(*Najas minor*)、水蕹(*Aponogeton lakhonensis*)、苦草(*Vallisneria natans*)、水仙(*Narcissus tazetta*)等。本实验以水葫芦和黑藻为例。

(2)试剂:分析纯浓硫酸、$0.0100mol \cdot L^{-1}$ 硫酸锰溶液、$0.1000mol \cdot L^{-1}$ 硫代硫酸钠溶液、碱性碘化钾溶液(称 500g 分析纯氢氧化钠溶于 $300 \sim 400mL$ 蒸馏水中,150g 分析纯碘化钾溶于 200mL 蒸馏水中,然后将上述 2 种溶液合并)、淀粉溶液、钠氏试剂(50g 分析纯碘化钾,放入 50mL 无氨蒸馏水中,制成碘化钾溶液。取 21g 二氧化汞溶于少量水中,制成饱和溶液,后逐滴加入碘化钾溶液,不断搅拌,直至红色沉淀不再溶解为止,加入 400mL 35% 氢氧化钠溶液,最后加无氨蒸馏水 1000mL,静置 24h,取上清液于带橡皮塞的棕色玻璃瓶中)、酒石酸钾钠溶液(溶解 50g 酒石酸钾钠晶体于蒸馏水中,再稀释至 200mL,然后加入 5mL 钠氏试剂,混合后静置三昼夜使其澄清备用)、硫酸锌溶液(10g 化学纯硫酸锌溶于无氨蒸馏水中,稀释至 100mL)、氢氧化钠溶液(25g 氢氧化钠溶于少量无氨蒸馏水中,稀释至 50mL)等。

**【操作建议】**

1. 实验材料采集:根据实验需要采集适量的水葫芦和黑藻。将其中的部分材料称其鲜重并烘干,再测其干重(用于计算干/鲜重比)、氮含量(有条件的实验室,还可测含磷量和某几种重金属的含量)。

2. 污染水样采集:在某些污染水体或某些工厂的废水排水口处,采集实验水样(具体的采集方法请参考本书 1.1.6 的内容。因本实验需要水样量比较大,1 个实验小组只需采集 1 类水样即可,各实验小组可分别用不同的水样进行实验),并测定这些水样的溶解氧含量、氨氮含量、pH 值及某几种重金属含量等。

3. 水生植物处理:将采集到的污染水样置于 5 个玻璃培养缸中,在 4 个培养缸中放置适量(需称其鲜重)水葫芦(如用黑藻作实验材料,需在玻璃培养缸底放适量的底泥,并测定氮含量、pH 值或某几种重金属含量)进行培养;另外 1 个玻璃培养缸中不放养水葫芦,作为对照。以后每隔 1 周,取对照缸中和其他 1 个培养缸中的部分水体,测定溶解氧含量、氨氮含量、pH 值、某几种重金属含量;取该培养缸中的水葫芦烘干,测其干重,再粉碎,测其氮含量、某几种重金属含量。重复此操作,持续 1 个月左右。

4. 常规指标的检测:请参考本书 1.1.7 中"生态环境污染监测常用的分析技术"的内容。

5. 实验记录及分析:将上述测定结果记录在表 3.8 及表 3.9 中,并分析实验结果。

表 3.8 实验水样中各指标含量的变化

| 处理 | 溶解氧含量 /(mg·L$^{-1}$) | 氨氮含量 /(mg·L$^{-1}$) | pH 值 | 某种重金属含量 /(mg·L$^{-1}$) |
|---|---|---|---|---|
| 刚取得的水样 | | | | |
| 1 周后对照缸中的水样 | | | | |
| 1 周后实验缸中的水样 | | | | |
| 2 周后对照缸中的水样 | | | | |
| 2 周后实验缸中的水样 | | | | |
| 3 周后对照缸中的水样 | | | | |
| 3 周后实验缸中的水样 | | | | |
| 4 周后对照缸中的水样 | | | | |
| 4 周后实验缸中的水样 | | | | |

表 3.9 水生植物样品中各指标含量的变化

| 处理 | 植物干重/g | 氮含量/(mg/g) | 某种重金属含量/(mg/g) |
|---|---|---|---|
| 刚放入实验缸的植物样 | | | |
| 1 周后实验缸中的植物样 | | | |
| 2 周后实验缸中的植物样 | | | |
| 3 周后实验缸中的植物样 | | | |
| 4 周后实验缸中的植物样 | | | |

## 【实验注意事项】

1. 每个实验缸中植物样应控制等重。

2. 不同的实验小组可用不同的水生植物材料进行试验。

3. 植物样干重的计量,可以先称其鲜重,然后根据干/鲜重的比值进行换算(参见上述"操作建议"1 的内容)。

## 【实验拓展】

### 实验拓展 底栖动物对水体底泥中污染物的净化作用

水体的污染物除了溶解在水中的物质外,还有相当一部分积累在底泥中。本实验的拓展方向为利用另外一类生物来净化水体中的沉积物。

底栖动物是指生活史的全部或大部分时间生活于水体底部的水生动物。栖息的形式多为固着于岩石等坚硬的基体上和埋没于泥沙等松软的基底中。在摄食方法上,以悬浮物摄食和沉积物摄食居多。多数底栖动物长期生活在底泥中,具有区域性强、迁移能力弱等特点。不同种类底栖动物对环境条件的适应性及对污染等不利因素的耐受力和敏感程度不同。因此,利用底栖动物生长过程中吸收和富集底泥中污染物的特点,在一定程度上可以对水体起到净化作用;同时也可以通过对底栖动物种群结构、优势种类、数量等指标的分析,判断水体的质量状况。

〔实验材料的选择〕

底栖动物种类很多,在淡水水体中常见河蚌、田螺等螺。本实验建议用田螺。

〔供参考的实验流程〕

1. 实验动物采集:田螺可以在周边的水稻田中采集或从农贸市场上购买。将其中的部分材料称其鲜重并烘干,再测其干重(用于计算干/鲜重比)、氮含量(有条件的实验室,还可测含磷量和某几种重金属的含量)。

2. 污染底泥采集:在某些污染水体或某些工厂排放的废水水体下,采集实验底泥,同时也采集该水体的水样(1 个实验小组只需采集 1 类底泥样品即可,各实验小组可分别用不同的底泥样品进行实验,采集方法请参考本书 1.1.7 中“生态环境样品的野外采集技术”中的相关内容),并测定底泥样品的氮磷含量、pH 值及某几种重金属含量等。

3. 实验处理:在每个玻璃培养缸底放适量的底泥,放入适量的水(前述所采集的水样),淹没底泥(一般超过底泥上表面 5cm 左右),放入定量的田螺(且各培养缸中的田螺等量)进行培养;另外 1 个玻璃培养缸中不放养田螺,作为对照。以后每隔 1 周,取对照缸中和其中 1 个培养缸中的部分底泥,测定其氮磷含量、pH 值、某几种重金属含量;取该培养缸中的田螺烘干,测其干重,再粉碎,测其氮磷含量、某几种重金属含量。重复此操作,持续 1 个月左右。

4. 指标检测、结果记录和分析:将测定的各项指标进行对比分析,比较用底栖动物处理前后底泥中各污染物含量的变化及底栖动物体内污染物含量的变化,推测底栖动物对底泥中各污染物的净化能力。

〔实际应用〕

可为利用生物学方法净化水体提供理论依据和新的思路。

# 附录 1　主要土壤动物类群门、纲检索表（付必谦，2006）

1. 单细胞动物 ……………………………………………………… 原生动物门 Protozoa
   多细胞动物 …………………………………………………………………………… 2

2. 明显分为头、足和内脏囊 3 部分，具外套膜；足部发达、扁平，位于身体腹面；大多数种
   类具有一螺旋形贝壳 ………………… 软体动物门 Mollusca，腹足纲 Gastropoda
   身体不具以上特征 …………………………………………………………………… 3

3. 无足 …………………………………………………………………………………… 4
   有足 ………………………………………………………………………………… 10

4. 无头 …………………………………………………………………………………… 5
   有头 ………………………… 节肢动物门 Arthropoda，昆虫纲 Insecta（部分）

5. 无体节 ………………………………………………………………………………… 6
   有体节 ………………………………………………………………………………… 7

6. 体前端扩大成半月形头瓣 ………… 扁形动物门 Plathelminthes，涡虫纲 Turbellaria
   体前端不扩大 ……………………………………………… 线虫动物门 Nematha

7. 体节较多 ……………………………………………… 环节动物门 Annelida 8
   体节较少 ……………………………………………………………………………… 9

8. 身体前、后端各有 1 个吸盘；身体扁平或呈圆柱形 ………………… 蛭纲 Hirudinea
   无吸盘；身体呈细长圆柱形 ………………………………… 寡毛纲 Oligochaeta

9. 体长 1 mm 以下；头前端具轮盘，其上有一两圈纤毛 ………… 轮形动物门 Rotifera
   体长 1 mm 以上；头不具轮盘 ……………………………… 节肢动物门，昆虫纲（部分）

10. 足 4 对，无节，爪 4 个以上………………………………… 缓步动物门 Tardigrada
    足一般不为 4 对；若为 4 对，则足有节，爪 1～3 个 ………… 节肢动物门（部分）11

11. 大多数体节每每体节各有 2 对足 ……………………………… 倍足纲 Diplopoda
    1 个体节最多 1 对足 ……………………………………………………………… 12

12. 足 15 对及以上 ……………………………………………………… 唇足纲 Chilopoda
    足 14 对以下 ……………………………………………………………………… 13

13. 足 5 对以上…………………………………………………………………………… 14
    足 5 对及以下 ……………………………………………………………………… 17

14. 触角分叉 …………………………………………………………… 蜗纲 Pauropoda
    触角不分叉 ………………………………………………………………………… 15

15. 无尾须；胸足细小，腹足短粗，筒状 ……………………………………… 昆虫纲（部分）
    具尾须；足形态多样，但腹足不呈筒状 ………………………………………… 16

16. 体小而细长，体长约 2～8 mm，全身乳白色，整体分为头部和躯干部；触角 1 对，长
    而多节（平均 30～40 节），呈简单的线形；步足 11～12 对 ……… 综合纲 Symphyla
    体平扁或侧扁，分为头、胸、腹 3 部分；触角 2 对，第 1 对小，第 2 对大；一般具 20～21
    体节（不包括尾节）；除腹部末节外，通常每节具 1 对附肢 …… 软甲纲 Malacostraca

17. 足 5 对,第 1 对适于捕食,第 2~4 对为游泳足,第 5 对很退化 … 桡足纲 Copepoda

　　足 5 对以下 ……………………………………………………………… 18

18. 足 4 对 ……………………………………………………… 蛛形纲 Arachnida

　　足 3 对 …………………………………………………………… 昆虫纲(部分)

# 附录 2　主要土壤动物类群概述及常见类群分目检索(付必谦,2006)

## 一、扁形动物门 Plathelminthes

涡虫纲 Urbellaria

本纲动物大部分水栖,小部分陆栖。中国目前发现的陆生涡虫均属三肠目(Tricladida)笄涡虫科(Bipaliidae)。

## 二、轮形动物门 Rotifera

轮虫大多生活于水环境中,生活于土壤中的类群主要属于双巢纲(Digononta)蛭态目(Bdelloidea),小部分属于单巢纲(Monogononta)游泳目(Ploimida)。土栖轮虫喜好有机质丰富的土壤,以有机碎屑、细菌等为食。在有苔藓覆盖的地方最多,土壤表层多湿的落叶层中也有相当数量,在腐叶层和腐殖层也有发现。我国迄今记录到土栖轮虫 2 纲 2 目 6 科。

## 三、线虫动物门 Nematha

线虫是土壤动物中数量最多的类群之一,为典型的湿生土壤动物,在植物根系发达的土壤上层数量最多。土壤线虫体型较小,体长多为 0.5～4mm,很少超过 1 cm;体细长圆筒形,两端略尖;体壁具角质层,光滑、坚韧而富有弹性;身体不分节,或仅体表具横皱纹。迄今我国已发现土壤线虫 2 纲 8 目 56 科。

## 四、环节动物门 Annelida

陆栖环节动物主要包括寡毛纲的多数种类和蛭纲的部分种类。迄今我国已发现寡毛纲 4 目 12 科。陆生和两栖蛭类主要为无吻蛭目(Arhynchobdellida)的一些种类(主要特征为没有可伸缩的吻),包括 2 个科,见于我国大部分地区。

### 寡毛纲分目检索表

1.体长一般小于 40mm;体节和环带常不明显;雄孔和精漏斗隔膜仅间隔半节(图 4.1) …
……………………………………………………………………………………………… (小蚓类)2

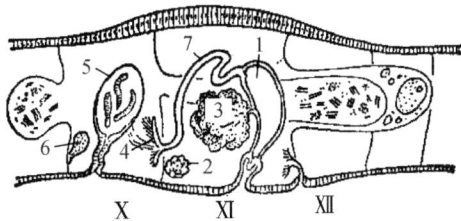

图 4.1　寡毛纲(颤蚓科)生殖器官示意图
1—精管膨部;2—卵巢;3—前列腺;4—精漏斗;5—受精囊;6—精巢;7—输精管

体长一般大于 40mm;体节和环带常明显;雄孔位于精漏斗隔膜后,且至少间隔 1 节……
…………………………………………………………………………………………… (大蚓类)正蚓目 Lumbricida

2.生殖腺超过 2 对 ······································· 3

生殖腺仅 2 对，通常具精管膨部（图 4.1），前列腺有或无；刚毛正蚓型（每节 4 束，每束 2 条）或复杂 ······································· 颤蚓目 Tubificida

3.生殖腺 4 对（每节 1 对，连续排列，前面 2 对为精巢，后面 2 对为卵巢），或缺第 3 对或第 4 对，或缺第 1 对和第 4 对；无精管膨部和前列腺 ·······································

······································· 单向蚓目 Haplotaxida（我国仅发现单向蚓科 Haplotaxidae）

生殖腺 4 对，或缺第 4 对，有时第 1 对或第 2 对亦缺；具精管膨部和前列腺 ···············

······································· 带丝蚓目 Lumbriculida（我国仅发现带丝蚓科 Lumbriculidae）

## 五、软体动物门 Mollusca

本门动物中只有腹足纲（Gastropoda）前鳃亚纲的一部分及肺螺亚纲的大部分生活于陆地上。陆生种类几乎全部生活在落叶层及朽木中，极少潜入土壤深处，主要以潮湿的落叶、朽木、藻类、地衣和真菌为食，也有肉食性的种类。

### 腹足纲分目检索表

1.有厣；具螺旋形贝壳；以鳃呼吸，少数种类鳃退化，以"肺"呼吸（前鳃亚纲）··············· 2

无厣；具贝壳，或贝壳退化或无；以"肺"呼吸（肺螺亚纲）··············· 3

2.厣为椭圆形 ······································· 原始腹足目 Archaeogastropoda

厣为圆形，贝壳形态多变 ······································· 中腹足目 Mesogastropoda

3.具贝壳；头部有可伸缩触角 1 对；眼无柄，位于触角基部；大多数种类水栖，少数种类陆栖

······································· 基眼目 Basommatophora

贝壳有或无；头部有可伸缩触角 2 对（前触角也称小触角，后触角也称大触角）；眼具柄，位于后（大）触角顶端 ······································· 柄眼目 Stylommatophora

## 六、缓步动物门 Tardigrada

俗称熊虫。一般体长仅 0.25～0.5mm，少数种类超过 50mm 长。身体由 1 个明显的头节和 4 个不明显的躯干体节组成；腹面平坦，背面隆起；体两侧有足 4 对，具爪，通过匍匐爬行缓慢运动。陆生种类出现在苔藓、地衣、地钱、落叶层和土壤中。我国目前发现 2 纲 3 目 4 科。

## 七、节肢动物门 Arthropoda

### 1. 蛛形纲 Arachnida

蛛形纲动物绝大多数陆生。多数捕食昆虫，某些螨取食植物、碎屑或寄生。体长从＜1mm 到 18cm 不等，体形在不同类群中差异极大，但均具 4 对足。现生种类共分 11 目，我国发现 8 目。此外，现在也常将蜱螨目进一步区分为寄螨目（Parasiformes）和真螨目（Acariformes）。

### 蛛形纲常见类群分目检索表

1.部分节明显 ······································· 2

腹部不分节（少数种类或保留分节的背板）······································· 4

2.腹部分为宽的前腹部和尾状的后腹部两部分，后腹部末端有毒针···············

······································· 蝎目 Scorpiones（图 4.2a）

腹部不分为两部分；末端无毒针 ······································· 3

3. 触肢钳状 ……………………………… 拟蝎目(伪蝎目)Pseudoscorpiones(图 4.2b)
　触肢非钳状…………………………………………………………… 盲蛛目 Opiliones(图 4.2c)
4. 腹部以腹柄与头胸部相连 ………………………………………… 蜘蛛目 Araneae(图 4.2d)
　腹部与头胸部相愈合 …………………………………………………… 蜱螨目 Acarina(图 4.2e)

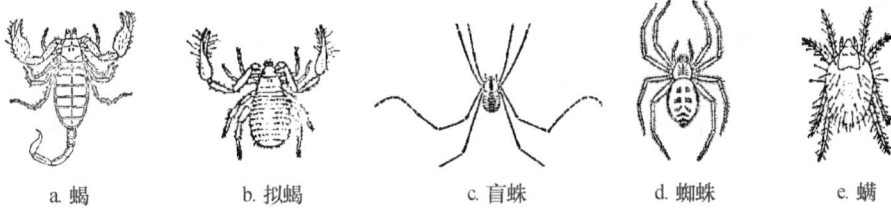

a. 蝎　　　　　b. 拟蝎　　　　　c. 盲蛛　　　　　d. 蜘蛛　　　　　e. 螨

**图 4.2　蛛形纲常见类群**

## 2. 桡足纲 Copepoda

　　本纲动物体型小;胸部 6 节,第 1 个或前 2 个胸节与头部愈合形成头胸部,其余胸节游离;一般无头胸甲;胸肢 6 对,第 1 对形成颚足,其余 5 对为游泳足,双枝型;腹部 5 节,无附肢。

　　生活在土壤中的主要是猛水蚤目(Harpacticoida)中的一些种类。身体一般较为细长,第 1 个胸节大多与头节愈合,第 4 个与第 5 个胸节间具可动关节,体向背侧反翘;第 1 对胸足的构造适于捕食,第 5 对胸足很退化。它们分布于湖泊、池塘、沟渠等水域底层、沿岸带或水草丛中,以及泥沙或苔藓植物缝隙间,在林中土壤表层亦有发现。

## 3. 软甲纲 Malacostraca

　　本纲动物一般具 20~21 体节(未计尾节),头部与胸部或其一部分愈合形成头胸部,通常具头胸甲;触角 2 对,第 1 对小,第 2 对大;除腹部末节外,通常每节具 1 对附肢。土栖类群主要包括等足目(Isopoda)的一些种类[如鼠妇(Porcellio)]以及端足目(Amphipoda)的个别种类[如钩虾(Gammarus)],均无头胸甲。

### 软甲纲分目检索表

1. 体背腹扁平,卵圆形,不能跳跃;胸部发达,7 对胸肢形态相似;腹部短,部分或全部愈合,腹部前 5 节各有 1 对叶片状腹肢 ………………………………………………… 等足目 Isopoda
2. 身体大多侧扁,能跳跃;胸肢 7 对,前 4 对为步足,后 3 对较长大,用以弹水或跳跃;腹肢也分 2 组,前 3 对为游泳足,后 3 对为跳跃足 ……………………………… 端足目 Amphipoda

## 4. 倍足纲 Diplopoda

　　本纲动物俗称马陆。体圆筒形,由 25~100 体节组成;躯体除第 1~4 节胸部外,腹部由许多双体节组成,每体节有步足 2 对。体色均为红褐色和紫褐色。营隐居生活。大多以植物残体为食,少数穴居种类以小动物尸体为食。几乎均为负光性,栖息于阴暗潮湿环境,如落叶层、土壤中、石块下、树皮内,以及圆木堆和草堆下。

## 5. 唇足纲 Chilopoda

　　唇足纲包括蜈蚣、蚰蜒等常见多足类动物。体扁而长,由 15~177 体节组成,躯体部除第 1 对足形成颚足(颚肢)和体末 2 节无足外,其余各节均有 1 对步足,颚足发达,其上毒爪

（蚶爪）显著；左右毒爪向身体正中线弯曲，其尖端常常相互交叉，是有力的捕食器官；颚足基节巨大，常与该节胸板愈合成1片大的基胸板，掩盖头部腹面的大部分，也有一些种类颚足胸板退化。

## 唇足纲分目检索

1. 成体步足15对，初生幼虫则仅5或7对 …………………………………………………… 2
   步足21~173对，成体和幼体步足数相等 ……………………………………………… 3
2. 具有8个大背板；气门开口于背板后缘 …………… 蚰蜒目 Scutigeromorpha（图4.3a）
   身体异律分节，背板15个，大小交替；气门开口于体侧 …………………………………
   ……………………………………………… 石蜈蚣目 Lithobiomorpha（图4.3b）
3. 步足21或23对；体型较粗壮 …………… 蜈蚣目 Scolopendromorpha（图4.3c）
   步足31~173对；体型细长 …………… 地蜈蚣目 Geophilomorpha（图4.3d）

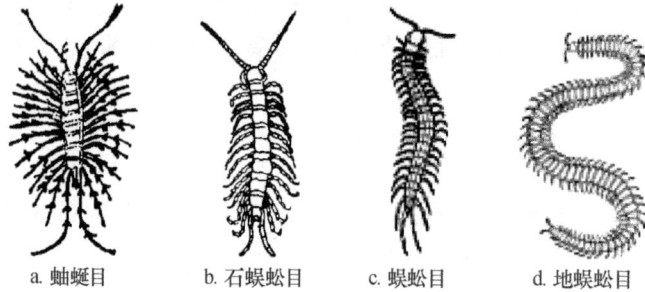

a. 蚰蜒目　　b. 石蜈蚣目　　c. 蜈蚣目　　d. 地蜈蚣目

图4.3　唇足纲的外部形态

### 6. 综合纲 Symphyla

身体细长，约2~8mm，全身呈乳白色；外观与小蜈蚣相似，但身体后端有1对能吐丝的突起；足11~12对；背板通常15个，少数种类达21或22个，最多24个。通常以腐殖质为食，也食苔藓、真菌及细菌。大都生活于落叶层中。本纲只有1目，即综合目（Symphyla）（图4.4）。

### 7. 昆虫纲 Insecta

昆虫纲是世界上数量最多的动物类群。终生在土壤中生活或在一些发育阶段与土壤有密切联系的昆虫种类约有21目。

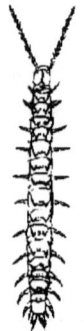

图4.4　综合目

## 常见土壤昆虫成虫及幼虫分目检索表

1. 无足，或足极退化，仅有痕迹；部分种类有"伪足" ……………………………………… 2
   具足 ……………………………………………………………………………………… 5
2. 无明显头部，或头骨化不强，头壳不完整 ……………………………………………… 3
   头明显 ……………………………………………………………………………………… 4
3. 社群性，生活于公共巢室内，并有同种成虫照顾……… 膜翅目 Hymenoptera（部分幼虫）
   非社群性 …………………………… 双翅目 Diptera（虻类和蝇类幼虫）（图4.5g~n）

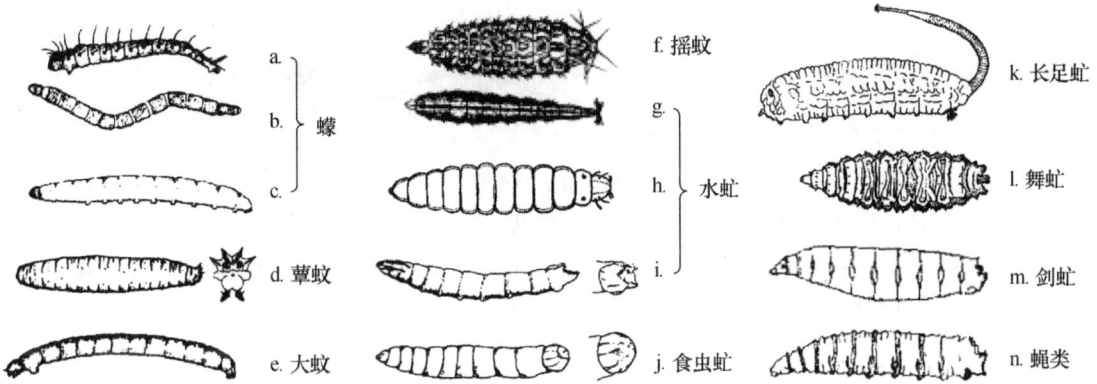

**图 4.5　双翅目幼虫**

4. 体细长;头部明显骨化,显露体表或部分缩入前胸 ······ 双翅目(蚊类幼虫)(图 4.5a～f)

　　体粗短,柔软、肥胖,呈新月形 ·············· 鞘翅目 Coleoptera(象甲型幼虫)(图 4.14f)

5. 具腹足 ···································································································· 6

　　无腹足,或腹足退化,形成刺突、泡囊、粘管等附器 ············································· 7

6. 腹足 2～5 对,肉质筒形,足腹面具趾钩;头两侧通常各具 6 个单眼 ······················

　　············································································· 鳞翅目 Lepidoptera(幼虫)

　　腹足 6～8 对,无趾钩;头两侧单眼各 1 个····························· 膜翅目(部分幼虫)

7. 口器缩入头壳内;无翅 ················································································ 8

　　口器显露在头壳外;无翅或有翅 ··································································· 1

8. 体型微小,体长 0.5～2mm;无触角;前足长,具触角功能;腹部分节,其中前 3 个腹节各有

　　1 对退化的腹足 ············································· 原尾目 Protura(图 4.6)

　　具触角;3 对胸足大小相似 ········································································· 9

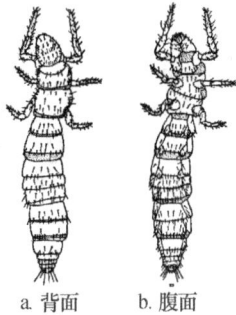

a. 背面　　b. 腹面

**图 4.6　原尾目**

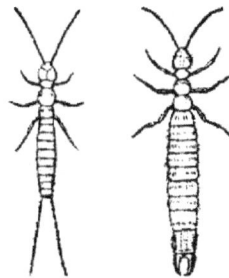

**图 4.7 双尾目**

9. 腹部 9～11 节,多数腹节上具成对的小刺突;腹末具尾须 1 对,线状或铗状··············

　　·············································································· 双尾目 Diplura(图 4.7)

　　腹部 6 节或更少,第 1 节中央具一腹管突,第 3 节有一小型握钩,第 4 节或第 5 节有一分

　　叉的弹器(有的种类缺弹器和握钩);无尾须 ············· 弹尾目 Collembola(图 4.8)

图 4.8　弹尾目

10. 腹末具 1 对长尾须和 1 条长中尾丝；腹部具成对的刺突和泡囊 ·····················
　　··························· 石蛃目 Microcoryphia（原缨尾目 Thysanura）
　　中尾丝，尾须 2 根或无尾须 ······································· 11

11. 口器咀嚼式···················································· 14
　　口器非咀嚼式················································· 12

12. 口器刺吸式·················································· 13
　　口器锉吸式，喙短，不分节；跗节端部常具 1 个能伸缩的泡囊；成虫前后翅均为膜质，翅边
　　缘具长缘毛 ······································· 缨翅目 Thysanoptera

13. 喙从头的前端伸出（图 4.9b、c）；前翅为半鞘翅，基部革质，端部膜质（图 4.9a）·········
　　································································ 半翅目 Hemiptera
　　喙从头部腹面后方或前足基节间伸出（图 4.9d、e）；前翅膜质，或略加厚，或近似革质，但
　　不成半鞘翅（图 4.9f）······························· 同翅目 Homoptera

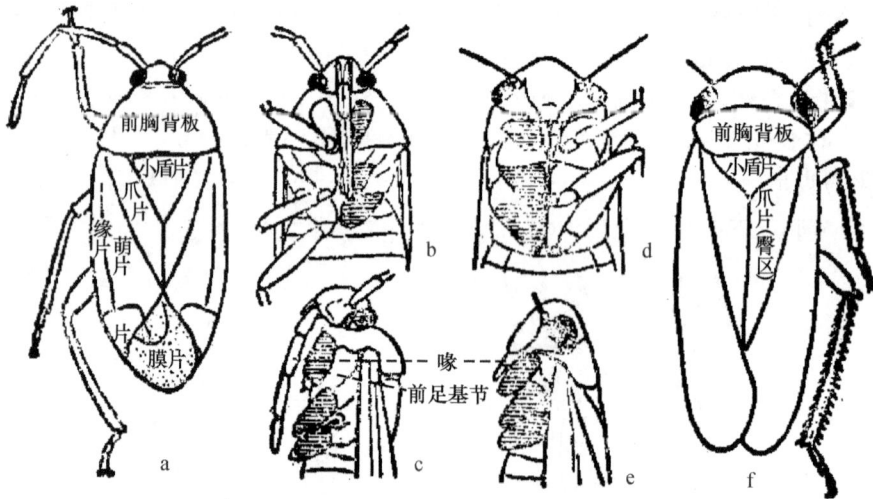

图 4.9　半翅目（a～c）与同翅目（d～f）的比较

14. 尾须坚硬，铗状，不分节；有翅种类前翅短小，革质 ··········· 革翅目 Deramptera
　　尾须不呈铗状或无尾须···································· 15

15. 大、中形昆虫，体扁平而宽；触角长丝状；前胸背板大，盾状，常盖住头的全部或大部；前翅
　　皮质 ········································ 蜚蠊目 Blattoptera
　　前胸不盖住头部；若盖住头部，则触角不为长丝状，前翅不为皮质 ·············· 16

16. 后足跳跃足或前足开掘足；中形或大形昆虫 ··········· 直翅目 Orthoptera（图 4.10）
　　足不呈以上形态········································· 17

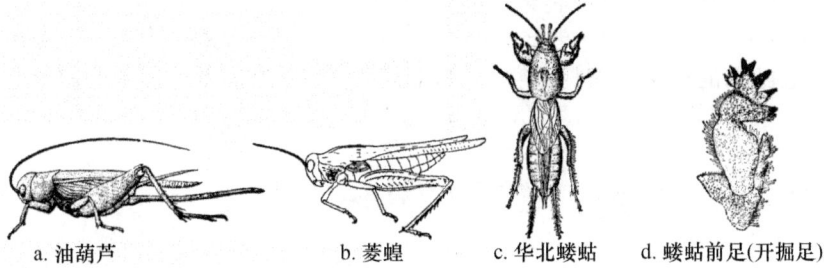

a. 油葫芦　　　　b. 菱蝗　　　　c. 华北蝼蛄　　　　d. 蝼蛄前足(开掘足)

**图 4.10　直翅目**

17. 有翅或翅芽 ······························································································· 18
　　无翅 ········································································································ 21
18. 前后翅均为膜质,透明 ··············································································· 19
　　前翅特化为角质鞘翅,通常较长,伸达腹末(但也有一些种类,如隐翅甲科、蚁甲科、出尾
　　蕈甲科等的鞘翅较短小) ····································· 鞘翅目 Coleoptera(图 4.11)

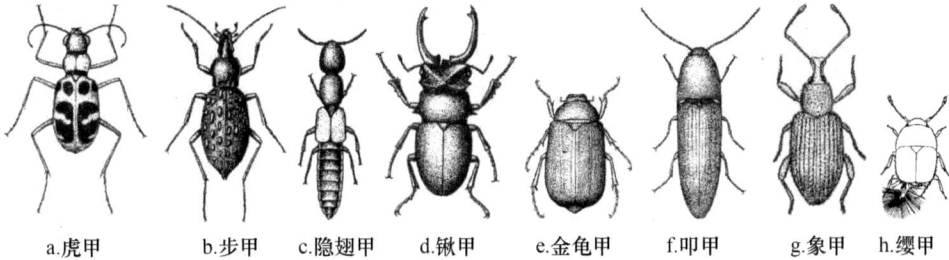

a.虎甲　　b.步甲　　c.隐翅甲　　d.锹甲　　e.金龟甲　　f.叩甲　　g.象甲　　h.缨甲

**图 4.11　鞘翅目成虫**

19. 前后翅大小、形状相似,翅基部各有 1 条横的肩缝,翅易沿此缝脱落(残存部分成为翅
　　鳞,呈三角形),短翅型只有 2 对发育不全的翅芽;触角念珠状;社会性昆虫 ················
　　······························································· 等翅目 Isoptera(图 4.12)
　　前翅通常大于后翅,无肩缝 ··········································································· 20
20. 体小而脆弱;头大,下口式;前胸细小如颈状;后翅前缘无翅钩列 ··························
　　······························································· 啮目 Psocoptera(图 4.13)
　　体无上述特征;后翅前缘有 1 列小钩,用以与前翅后缘相连;腹部第一节多向前并入胸
　　部,常与第二节之间形成细柄形 ········································· 膜翅目 Hymenoptera

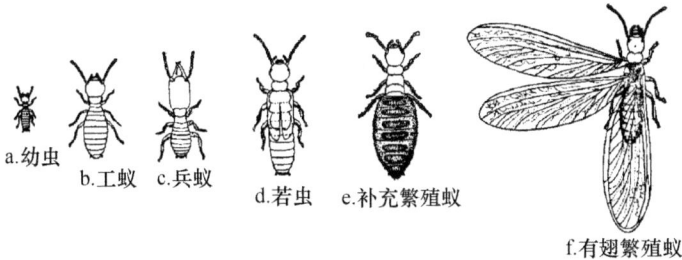

a.幼虫　　b.工蚁　c.兵蚁　　d.若虫　e.补充繁殖蚁　　　　f.有翅繁殖蚁

**图 4.12　白蚁的多型现象**　　　　　　　　　　**图 4.13　啮目**

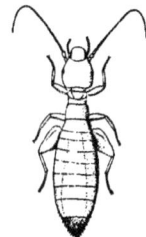

21. 外形与一般昆虫成虫很不同,多呈蠕虫状,腹部长通常为头胸部之和的 2～4 倍;胸足一
    般发达,明显 ……………………………………………… 鞘翅目(部分幼虫)(图 4.14)
    外形与一般昆虫的成虫或有翅成虫相似,非蠕虫状,腹部很少长过头胸部之和的 2 倍 …
    …………………………………………………………………………………………… 22

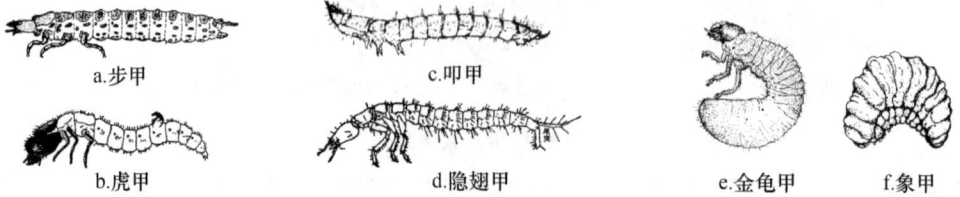

a.步甲　　　　　c.叩甲

b.虎甲　　　　　d.隐翅甲　　　　　e.金龟甲　　　f.象甲

**图 4.14　鞘翅目幼虫**

22. 腹部末端具尾须;触角念珠状;社会性昆虫 …………………………………… 等翅目
    腹部末端无尾须 ………………………………………………………………………… 23

23. 跗节 2 节;体小而脆弱;前胸比中胸和后胸短而狭,颈状;触角丝状 ………………… 蚤目
    跗节 2 节以上;体形也与上不同 ……………………………………………………… 24

24. 腹部第 1 节并入后胸,第 1 节和第 2 节之间紧缩成细腰状或柄状 ………………… 膜翅目
    腹部第 1 节不并入后胸,也不紧缩;身体坚硬,角质 ………………………………… 鞘翅目

# 参考文献

1. 陈朝东.水环境监测技术问答.北京:化学工业出版社,2006.
2. 但德忠.环境监测.北京:高等教育出版社,2006.
3. 方芳,郭水良,黄林兵.入侵杂草加拿大一枝黄花的化感作用.生态科学,2004,23(4):331—334.
4. 方芳,茅玮,郭水良.入侵杂草一年蓬的化感作用研究.植物研究,2005,25(4):449—452.
5. 付必谦.生态学实验原理与方法.北京:科学出版社,2006.
6. 付荣恕,刘德林.生态学实验教程.北京:科学出版社,2004.
7. 葛宝明,程宏毅,郑祥等.浙江金华不同城市绿地大型土壤动物群落结构与多样性.生物多样性,2005,13(3):197—203.
8. 蒋智林,刘万学,万方浩等.植物竞争能力测度方法及其应用评价.生态学杂志,2008,27:985—992.
9. 金朝辉.环境监测.天津:天津大学出版社,2007.
10. [美]劳伦斯·汉密尔顿.应用STATA做统计分析(第5版).郭志刚译.重庆:重庆大学出版社,2008.
11. 李博,陈家宽,A R 沃金森.植物竞争研究进展.植物学通报,1998,15(4):18—29.
12. 李晶,臧淑英,宋延山等.连环湖阿木塔沉积物中重金属形态及其对环境影响分析.环境科学与管理,2009,34:37—41.
13. 李振宇,解炎.中国外来入侵生物.北京:中国林业出版社,2003.
14. 刘德生.环境监测.北京:化学工业出版社,2001.
15. 鲁先文,余林,宋小龙等.重金属铬对小麦叶绿素合成的影响.农业与技术,2007,27:60—63.
16. 卢纹岱.SPSS for windows 统计分析(第3版).北京:电子工业出版社,2006.
17. 娄安如,牛翠娟.基础生态学实验指导.北京:高等教育出版社,2005.
18. 南京农业大学.田间试验和统计方法.北京:中国农业出版社,1985.
19. 内蒙古大学生物系.植物生态学实验.北京:高等教育出版社,1986.
20. 聂俊华,刘秀梅,王庆仁.Pb(铅)富集植物品种的筛选.农业工程学报,2004,20:255—258.
21. 马克平.生物群落多样性的测度方法.I.α多样性的测度方法.生物多样性,1994,2(3):162—168.
22. 牛翠娟,娄安如,孙儒泳等.基础生态学(第2版).北京:高等教育出版社,2008.
23. 彭少麟,向严词.植物外来种入侵及其对生态系统的影响.生态学报,1999,19(4):560—569.
24. 宋永昌.植被生态学.上海:华东师范大学出版社,2001.
25. 孙宝盛,单金林,邵青.环境分析监测理论与技术.北京:化学工业出版社,2007.
26. 孙春宝.环境监测原理与技术.北京:机械工业出版社,2007

27. 孙福生. 环境监测. 北京：化学工业出版社，2007.

28. 王伯荪，余世孝，彭少麟. 植物群落学实验手册. 广州：广东教育出版社，1996.

29. 王怀宇，姚运先. 环境监测. 北京：高等教育出版社，2007.

30. 吴晓莆，朱彪，赵淑清等. 东北地区阔叶红松林的群落结构及其物种多样性比较. 生物多样性，2004，12(1)：174—181.

31. 奚旦立，孙裕生，刘秀英. 环境监测. 北京：高等教育出版社，1995.

32. 席贻龙. 无脊椎动物学野外实习指导. 合肥：安徽人民出版，2008.

33. 徐汝梅，叶万辉. 生物入侵：理论与实践. 北京：科学出版社，2003.

34. 薛富波等. SAS 8.2 统计应用教程. 北京：希望电子出版社，2004.

35. 杨持. 生态学实验与实习（第2版）. 北京：高等教育出版社，2008.

36. 杨小波. 城市生态学经典案例和实验指导. 北京：科学出版社，2008.

37. 姚运先. 水环境监测. 北京：化学工业出版社，2005.

38. 叶振东，贾贡惠. 毕业论文的撰写与答辩. 杭州：浙江大学出版社，2003.

39. 尹海洁，刘耳. 社会统计软件 SPSS for windows 简明教程. 北京：社会科学文献出版社，2003.

40. 余建英，何旭宏. 数据统计分析与 SPSS 应用. 北京：人民邮电出版社，2003.

41. 赵京秋. 物质循环和能量流动. 考试（高考理科版），2009，(02)：60—61.

42. 张树林，邢克智，周艳. 铜离子对铜绿微囊藻的急性毒性效应. 水产科学，2007，26：323—326

43. 张文彤等. SPSS 统计分析基础教程. 北京：高等教育出版社，2004.

44. 章家恩. 生态学常用实验研究方法与技术. 北京：化学工业山版社，2007.

45. 邹志生，张鹏振. 实用文书写作教程. 湖北：武汉大学出版社，2007.

46. 朱国锋，任君庆，倪成伟等. 高等职业技术院校科研的组织与实施. 北京：科学技术文献出版社，2004.

47. Baker H G. The evolution of weeds. Annual of Review of Ecological System，1974，5：1—24.

48. Gerry P Q, Michael J K. 生物实验设计与数据分析. 蒋志刚，李春旺，曾岩主译. 北京：高等教育出版社，2003.

49. Hendrson A J. Molecular methods in ecology. Oxford：Blackwell，2000

50. Mack R N, Simberloff D, Lonsdale W M. Biotic invasions：cause, epideminology, global consequences and control. Ecological Applications，2000，10：698—710.

51. Sutherland W J. 生态学调查方法手册. 张金屯译. 北京：科学技术文献出版社，1999.

52. Zar J H. Biostatistical analysis(2$^{nd}$ ed). Englewood Cliffs：Prentice Hall, Inc. , 1984.